Excel
数据之美
从数据分析到可视化图表制作

杨小丽◎编著

中国铁道出版社有限公司

CHINA RAILWAY PUBLISHING HOUSE CO., LTD.

内 容 简 介

本书立足于数据分析工作，重点介绍了数据分析工作中的图表可视化展示的相关操作。

全书分三个部分共 12 章，第一部分为基础知识入门，主要包括数据分析入门和从数据到可视化的转变；第二部分为本书重点，主要包括 Excel 图表的各种实用编辑操作、动态图表制作及各类图表的具体实战应用等；第三部分为图表知识拓展和提升，主要包括其他图表图形语言和图表与 Office 其他组件结合应用。

本书采用图文搭配、一步一图的方式，详细讲述了数据可视化展示的相关操作，确保读者能够轻松掌握。因此，特别适合从事数据分析和图表可视化展示的相关工作者，此外，有一定 Excel 基础的读者也可以通过对本书的学习全面提升 Excel 技能。

图书在版编目（CIP）数据

Excel数据之美：从数据分析到可视化图表制作 /
杨小丽编著.—北京：中国铁道出版社有限公司，2022.4

ISBN 978-7-113-28596-8

Ⅰ.①E… Ⅱ.①杨… Ⅲ.①表处理软件 Ⅳ.
①TP391.13

中国版本图书馆CIP数据核字（2021）第247170号

书　　名：	Excel 数据之美：从数据分析到可视化图表制作
	Excel SHUJUZHIMEI: CONG SHUJUFENXI DAO KESHIHUA TUBIAO ZHIZUO
作　　者：	杨小丽

责任编辑：张　丹	编辑部电话：（010）51873028	邮箱：232262382@qq.com	
封面设计：宿　萌			
责任校对：焦桂荣			
责任印制：赵星辰			

出版发行：中国铁道出版社有限公司（100054，北京市西城区右安门西街 8 号）
印　　刷：北京柏力行彩印有限公司
版　　次：2022 年 4 月第 1 版　2022 年 4 月第 1 次印刷
开　　本：700 mm×1 000 mm　1/16　印张：20.5　字数：340 千
书　　号：ISBN 978-7-113-28596-8
定　　价：89.80 元

前言

● 关于本书

　　数据的重要性在大数据时代逐渐凸显，越来越多的企业开始重视对数据进行管理和分析，从而产生了大量的数据分析工作者和数据分析需要。Excel作为日常办公过程中使用率较高的软件，其在数据分析与可视化图表制作方面的功能十分强大。使用Excel进行数据分析和图形化展示分析结果，已经受到越来越多人的关注。

　　为了让更多的数据分析相关工作者掌握使用Excel可视化展示数据分析结果，我们精心策划了本书。该书从数据分析工作者在实际工作中可能遇到的问题出发，详细讲解了使用Excel进行数据分析和可视化图表展示的相关要点和具体操作，旨在帮助用户提升实际动手能力。

● 本书特点

【内容精选，讲解清晰，学得懂】

　　本书包含了使用Excel进行可视化数据分析结果中常用的各类图表及其相关制作方法和实用设置技巧，旨在让读者全面掌握Excel图形化展示数据的方法。

【案例典型，边学边练，学得会】

　　为了提升读者的实操能力，本书在讲解过程中针对具体的分析需要进行了具体讲解，并提供了相应的素材效果文件，确保读者能够快速上手，提高动手能力。

【图解操作，简化理解，学得快】

　　在讲解过程中，图文搭配，并配有标注，让读者能够更直观、更清晰地进行学习和掌握，提升学习效果。

● 主要内容

本书共 12 章，可大致划分为 3 个部分。

组成部分	具体介绍
数据分析可视化入门（第1章～第2章）	这部分内容是本书的入门部分，旨在帮助读者了解数据分析和数据可视化入门知识，为后续的展开学习打好基础
Excel图表可视化分析（第3章～第10章）	这部分内容是本书的主要内容，通过7个章节的内容具体介绍了使用Excel进行数据可视化分析需要具备的基础知识以及对常用图表在数据分析中的具体应用分别进行了介绍，通过对本部分内容的学习，可以帮助读者切实掌握Excel在数据分析结果可视化展示中的应用与操作
图表分析拓展延伸（第11章～第12章）	这部分内容主要介绍了与Excel图形化分析数据相关的知识，是对前面内容的补充与拓展，通过对本部分内容的学习，可以帮助读者掌握其他图表图形语言以及图表在其他Office办公组件中的应用

● 读者对象

本书适合职场中不同的数据分析工作者，以及在工作中需要将数据分析结果进行图形化展示的相关人员。此外，本书也适用于有一定 Excel 基础的用户或个人爱好者进行学习，同时也可作为一些大、中专院校或相关培训机构的教材使用。

最后，希望所有读者都能从本书中学到想学的知识，掌握 Excel 数据分析结果可视化展示的技能，提升自身工作效率与专业性。

● 资源赠送下载包

为了方便不同网络环境的读者学习，也为了提升图书的附加价值，本书案例素材及效果文件，请读者在电脑端打开链接下载获取学习。

 扫一扫，复制网址到电脑端下载文件

出版社网址：http://www.m.crphdm.com/2022/0225/14443.shtml

编　者

2022 年 2 月

目录

第 5 章　灵活展示，动态图表的 3 种制作方式

第 7 章　构成分析，占比多少清晰直观

第 12 章 相互协作，图表与其他组件结合

第 ① 章

新手上路，弄清楚何为
数据分析

在大数据时代，数据是一切分析的前提。对于行业现状的评估、行业未来发展的预测、企业整体运营的指导、生产计划的制订及营销计划的制订等，都要基于科学、严谨的数据分析。只有可靠的数据分析结果，才能为我们的决策提供最重要的数据保障。本章将具体介绍何为数据分析。

● **数据分析到底是怎么回事儿**

- **数据分析有哪些类型**
- **数据分析到底有哪些作用**

● **落实数据分析的6个步骤**

- **明确需求，制订计划**
- **从不同渠道获取数据源**
- **处理并清洗数据**
- **依据分析目的执行数据分析**
- **用合适的方式呈现分析报告内容**
- **撰写可读性高的数据分析报告**

1.1 数据分析到底是怎么回事儿

常言道：数据是最有说服力的，尤其在现代商业环境中，对于企业运营、决策制订和方案设计等，数据分析结果都起着举足轻重的作用。

一说到数据分析，职场人士很容易联想到的就是Excel。虽然常规的数据分析结果可以通过Excel分析工具完成，但是，Excel≠数据分析。

那么，数据分析到底是怎么回事儿呢？下面就针对数据分析的相关基础内容进行简单介绍。

1.1.1 数据分析有哪些类型

数据分析是指用适当的统计分析方法对收集来的大量数据进行分析，从中提取有用的信息并形成结论，进而对数据加以详细研究和概括总结的过程。简单理解，数据分析就是指将一组数据资料利用指定的分析方法，得到所需的分析结果。

在统计学领域中，数据分析被划分为描述性统计分析、探索性数据分析以及验证性数据分析3种类型，各种类型的具体介绍以及常使用的数据分析方法如表1-1所示。

表1-1

类型	具体介绍	数据分析方法
描述性统计分析	描述性统计分析就是描述发生了什么？它是数据分析中最常见的方式之一。描述性统计分析要对调查总体所有变量的有关数据做统计性描述，是对数据源进行最初的认识，主要包括数据的频数分析、数据的集中趋势分析、数据离散程度分析、数据的分布，以及一些基本的统计图形等	对比分析法 平均分析法 交叉分析法

类型	具体介绍	数据分析方法
探索性数据分析	探索性数据分析旨在探索以前未知的趋势和模式，其主要侧重于在数据中发现新的特征，其结果也很少是最终的。但是这些分析结果有助于概括先前操作和因素及其对过程的影响的信息。是对传统统计学假设检验手段的补充	相关性分析 因子分析 回归分析
验证性数据分析	验证性数据分析是为了形成值得假设的检验而对数据进行分析的一种方法。这种数据分析侧重于已有假设的证实或证伪	

　　在企业运营过程中，根据数据分析的使用场景、业务阶段等不同，还可以将数据分析分为许多类型，下面介绍一些常见的数据分析类型供大家了解，具体内容如表1-2所示。

表1-2

类型	具体介绍
所属行业分析	任何一家公司，要想在行业中稳步发展，都要对公司所处的行业进行分析。通过对行业分析，可以了解行业过去的情况，以及预测整个行业未来的发展趋势，为企业的发展方向和战略部署提供参考
企业战略分析	企业战略分析是一个比较宏观的分析，它主要是为了确定公司未来去向的问题，即通过对公司内部的历史经营数据、竞品数据和行业数据进行分析，给公司进行清晰的定位，并确定企业的战略方向
企业运营分析	企业运营分析是指针对企业在运营过程中遇到的各种具体问题进行分析，追溯原因，寻找解决方法，通常是使用企业内部数据就可以完成的数据分析工作
企业业务分析	企业业务分析是指考察企业销售、成本和利润问题，以便查明它们是否满足企业的目标。通过对企业的业务进行分析，可以帮助企业实现了解业务模式、优化业务战略、提升业务水平、降低成本、规避风险和利润增长等目的，因此是企业经营中比较重要的一种数据分析工作
项目数据分析	项目立项后，在展开实施前，必须要基于科学的数据分析确定其可行性。在项目的实施阶段，也需要依赖于数据分析对各项指标进行分析、监督、控制，从而确保项目能够顺利开展和进行

类型	具体介绍
市场需求预测分析	市场需求预测分析主要是利用调查分析法、统计分析法和相关分析预测法对市场的需求量进行估计以及对未来市场容量及竞争力进行预测，以确保产品顺利上市并具有竞争力

除了以上列举的一些常见的数据分析以外，企业经营过程中还存在各种更具体的数据分析内容，如人力结构分析、成本控制分析、生产量分析、合格率分析和营业构成分析等。虽然这些数据分析相对微观，但是对企业来说也是非常重要的，且要引起重视。

1.1.2　数据分析到底有哪些作用

前面我们从统计学、宏观、微观等不同方面对数据分析的各种类型进行了简单的了解。那么，数据分析具体有哪些方面的实际应用呢？

首先来看一个案例。

案例精解

数据分析告诉你：将尿布和啤酒摆在一起销售的逻辑

在20世纪90年代，美国沃尔玛超市的管理人员在分析销售数据时发现了一个令人难以理解的现象：在某些特定的情况下，"啤酒"与"尿布"这两件看上去毫无联系的商品却经常出现在同一个购物单中，后来经过调查发现，这种现象主要发生在年轻的爸爸身上。

因为年轻的爸爸在去超市购买尿布时都会顺便为自己购买啤酒，所以看上去毫无关系的两件商品，在年轻爸爸这个群体的存在下发生了必然的联系。于是，沃尔玛超市的管理人员尝试推出了将啤酒和尿布摆在一起的促销手段，而事实也证明了这种促销手段大大提高了商品的销售收入。

通过这个案例可以知道，很多事物从表面现象来看，是很难发现二者之间的联系的，比如本例中介绍的啤酒和尿布两个物品。但是通过科学、严谨的数据分析，从消费者的潜在需求中可以将二者联系起来，从而帮助超市管理人员制定了合理、有效的营销方法，最终让资源配置达到最优。

下面具体来看看数据分析到底有哪些作用。

● **客观地反映真实情况** 由于数据分析是以实事求是为前提，对获得的数据进行处理和分析，因此数据分析结果是对客观事实的集中和正确反映。

● **监督企业的运营情况** 对公司大量的数据和资料信息进行处理，可以更准确地对公司当前的整体运营情况进行把握，也是对企业相关部门的计划或决策的执行进行监督的重要手段。

● **依据数据进行科学化管理** 通过对公司各种运营数据的分析，可以更好地从量化的角度来分析和研究问题，从而让领导者和决策者可以更全面地了解企业的过去、现在与未来的趋势，进而以数据为事实基础，对公司进行科学化的管理。

● **有利于各部门工作顺利开展** 对于市场部和运营部等部门，许多的决策和计划都是要依据市场的数据调查结果来展开执行，但是由于数据的繁多与信息的凌乱，从表面很难得到有用的信息。而通过数据分析后，可以将数据的深层次关系展现得更直观，方便工作人员理解，从而更好地依据数据分析结果来开展工作。

1.2　落实数据分析的6个步骤

由于在很多时候我们将数据分析工作直接简化描述为数据分析，因此，在职场中，有许多人把"数据计算""数据处理""数据分析"与真正的数据分析工作画上等号。

我们平常所说的"数据计算""数据处理""数据分析"是数据分析工作中的某一个环节，而一次完整的数据分析工作需要按照一定的流程顺序来开展，其具体落实有以下六个步骤。

第一步：明确需求，制订计划。

第二步：从不同渠道获取数据源。

第三步：处理并清洗数据。

第四步：依据分析目的执行数据分析。

第五步：用合适的方式呈现分析报告内容。

第六步：撰写可读性高的数据分析报告。

下面就针对这六个步骤分别进行详细介绍，让读者对完整的数据分析流程有全面的认识和深入的了解。

1.2.1 明确需求，制订计划

做任何事，首先要明确自己的需求再开展，否则就会出现南辕北辙、抓不住重点的问题。先来看一个案例。

案例精解

忽略了目标需求，考虑再多都是零

如下所示为国家统计局关于2020年棉花产量的公告。

根据对全国的统计调查（棉花播种面积通过遥感测量取得），2020年全国棉花播种面积、单位面积产量、总产量如下：

一、全国棉花播种面积3 169.9千公顷（4754.8万亩），比2019年减少169.4千公顷（254.1万亩），下降5.1%。

二、全国棉花单位面积产量1864.5公斤/公顷（124.3公斤/亩），比2019年增加100.9公斤/公顷（6.7公斤/亩），增长5.7%。

三、全国棉花总产量591.0万吨，比2019年增加2.1万吨，增长0.4%。

除了这段公告内容，还有一张2020年棉花生产情况图表，如图1-1所示。

棉花生产情况

	播种面积 （千公顷）	总产量 （万吨）	单位面积产量 （公斤/公顷）
北　　京			
天　　津	8.8	1.0	1141.5
河　　北	189.2	20.9	1102.5
山　　西	1.1	0.2	1377.2
辽　　宁			
吉　　林			
黑龙江			
上　　海			
江　　苏	8.4	1.1	1269.0
浙　　江	4.8	0.7	1426.7
安　　徽	51.2	4.1	800.9
福　　建			
江　　西	35.0	5.3	1511.5
山　　东	142.9	18.3	1280.6
河　　南	16.2	1.8	1094.0
湖　　北	129.7	10.8	831.7
湖　　南	59.5	7.4	1252.2
广　　东			
	1.1	0.1	1025.7
海　　南			
重　　庆			
四　　川	2.3	0.2	950.0
贵　　州			
云　　南			
陕　　西			
甘　　肃	16.6	3.0	1815.2
青　　海			
	2501.9	516.1	2062.7

图1-1

对于专业的数据分析工作者来说，可能会考虑：

①棉花播种面积为什么会下降？是有什么原因？

②棉花总产量增长，对周边产品价格有什么影响？

③这张表格中哪些数据对我有用？我应该重点关注哪些数据？

……

而对于一般的数据分析工作者，可能会考虑：

①这个表格的数据怎么才能快速导入到Excel中？

②我是用表格展示还是用图表展示？

③要不要把最大值突出显示出来？

④用什么方式可以让效果更漂亮？

……

从上面这个案例中的简单对比可以直观地发现：专业的数据分析工作者总是围绕需求目的来利用这份资料，因此最终的分析结果不会偏离我们最初的目的；而一般的数据分析工作者，更多考虑的是数据外观样式的表达，缺乏数据分析的目标性，即使最后表格制作得再好，图表设置得再美观，也没有意义。

因此，数据分析工作的第一步，就是要求数据分析工作者明确此次数据分析的目的是什么，在明确需求目的后，理清分析思路，并将其制订成数据分析计划，这在一定程度上可以更好地指导数据分析工作的后续开展。

1.2.2　从不同渠道获取数据源

数据是数据分析工作的基础，没有数据资料，数据分析工作就无法开展。因此，数据分析工作的第二步就是准备真实、可靠的数据资料。

通常，作为数据分析的数据资料可以从三个方面来获取，即公司的内部数据、网络公开的权威数据以及问卷调查数据。

1.公司的内部数据

在公司创立之初，就会对各种数据进行分类管理，如财务数据、运营数据、客户资源和在职员工信息等，这些数据都分别保存在不同的部门中，有的数据保存在Excel中，如图1-2所示。有些数据保存在Access数据库中。对于一些大型的企业，数据的保存更完善，会有专门独立的数据库系统来存储。

而且随着时间的推移，这些数据也会越来越多，数据分析工作者在分析数据之前，需要整理好自己所需要的数据明细，如数据的类型、哪个时间段的数据等，然后交到各部门，这样相关部门的工作人员才能及时、准确地将你需要的数据准备好。

	订单号	订单日期	地区	城市	商品名称	商品类别	商品编号	商品毛重
1								
2	N010248	2020/12/1	华北	北京	锌合金门吸	门吸	44164899942	200.00g
3	N010248	2020/12/1	华北	北京	8寸插销	插销	22328593581	80.00g
4	N010248	2020/12/1	华北	北京	通开抽屉锁	抽屉锁	62984109063	80.00g
5	N010249	2020/12/2	华中	武汉	青古铜合页	合页	27437967637	0.55kg
6	N010249	2020/12/2	华中	武汉	6寸插销	插销	22328593580	80.00g
7	N010250	2020/12/4	华东	济南	青古铜合页	合页	27437967637	0.55kg
8	N010250	2020/12/4	华东	济南	单开抽屉锁	抽屉锁	62984109060	80.00g
9	N010250	2020/12/4	华东	济南	红古铜合页	合页	27437967636	0.55kg
10	N010251	2020/12/5	华东	南京	通开抽屉锁	抽屉锁	62984109063	80.00g
11	N010251	2020/12/5	华东	南京	锌合金门吸	门吸	44164899942	200.00g
12	N010252	2020/12/5	华南	广东	红古铜合页	合页	27437967636	0.55kg
13	N010252	2020/12/5	华南	广东	304不锈钢可脱卸铰链	铰链	12160130642	1.0kg
14	N010253	2020/12/5	西南	成都	拉丝金合页	合页	27437967635	0.55kg
15	N010253	2020/12/5	西南	成都	8寸插销	插销	22328593581	80.00g
16	N010253	2020/12/5	西南	成都	4寸插销	插销	22328593579	80.00g
17	N010254	2020/12/6	华中	郑州	通开抽屉锁	抽屉锁	62984109063	80.00g
18	N010254	2020/12/6	华中	郑州	8寸插销	插销	22328593581	80.00g
19	N010254	2020/12/6	华中	郑州	青古铜合页	合页	27437967637	0.55kg
20	N010255	2020/12/8	华北	天津	304不锈钢可脱卸铰链	铰链	12160130642	1.0kg
21	N010255	2020/12/8	华北	天津	201不锈钢门吸	门吸	44164899935	200.00g
22	N010256	2020/12/8	华北	山西	拉丝不锈钢合页	合页	27437967634	0.55kg
23	N010256	2020/12/8	华北	山西	拉丝金合页	合页	27437967635	0.55kg
24	N010257	2020/12/10	华南	贵州	8寸插销	插销	22328593581	80.00g
25	N010257	2020/12/10	华南	贵州	拉丝不锈钢合页	合页	27437967634	0.55kg
26	N010257	2020/12/10	华南	贵州	拉丝金合页	合页	27437967635	0.55kg
27	N010258	2020/12/10	西南	重庆	拉丝不锈钢合页	合页	27437967634	0.55kg

数据源　　商品月销售报表　　公司月营业收入结构占比 …

图1-2

公司内部数据库的数据是数据分析最直接的数据来源，也是公司基本情况最真实的反映，充分利用这些数据信息，可以更准确地把握公司的过往经营情况以及当下的发展情况，为数据分析的预测提供可靠的保障。

2.网络公开的权威数据

在前面我们已经了解到，当企业在制订战略规划时，需要进行企业战略分析，这就会涉及对行业、竞争公司、竞争产品的相关数据进行分析，要获取这些数据，只能从网络公开的数据获取。

为了提高数据分析结果的准确性，这些数据必须从权威的网站获取。

3.问卷调查数据

问卷调查是社会调查里的一种数据收集手段。在企业分析市场现状情况时，通常都会采用这种方法。通过这种方式获得的数据是最直接的，因为其就是针对某次数据分析工作进行的。

对于问卷调查的开展，通常有两种方式，一种是线下问卷调查，另一种是线上问卷调查，各问卷调查方式的说明如下。

● **线下问卷调查** 线下问卷调查方式主要是借助于纸质调查问卷进行的，它是传统的问卷调查方式，公司通过雇佣临时人员或派遣员工分发这些纸质问卷，如图1-3所示为常见的问卷调查表。调查对象填制完问卷后工作人员回收答卷，然后整理好提供给数据分析工作者使用。通过该方式获得数据与统计结果比较麻烦，而且获取成本比较高。

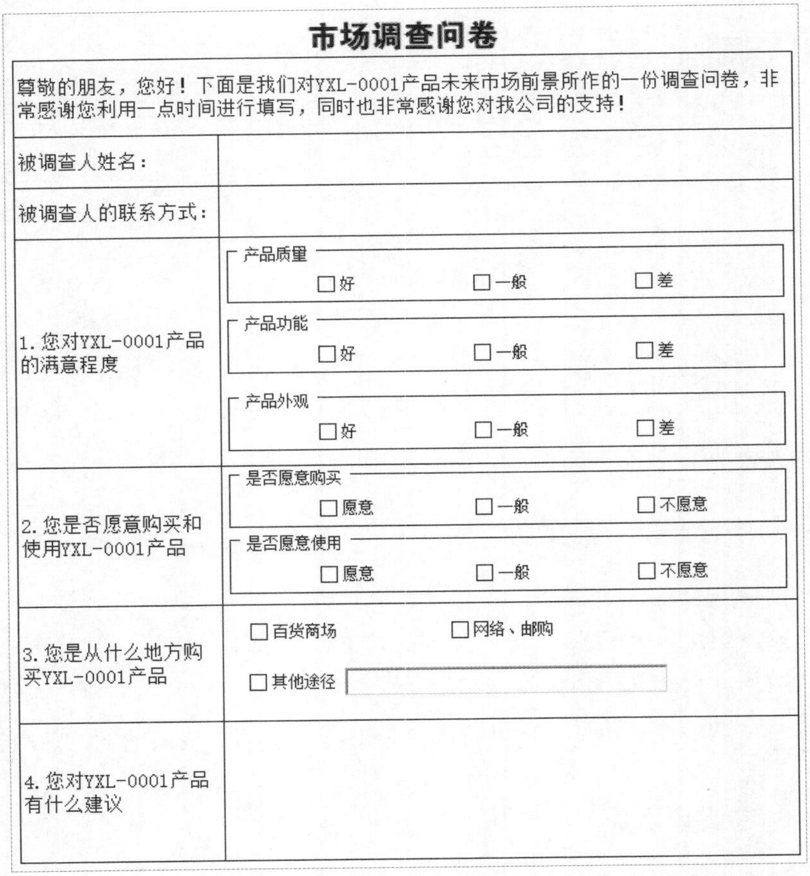

市场调查问卷

尊敬的朋友，您好！下面是我们对YXL-0001产品未来市场前景所作的一份调查问卷，非常感谢您利用一点时间进行填写，同时也非常感谢您对我公司的支持！

被调查人姓名：	
被调查人的联系方式：	
1. 您对YXL-0001产品的满意程度	产品质量 □好 □一般 □差 产品功能 □好 □一般 □差 产品外观 □好 □一般 □差
2. 您是否愿意购买和使用YXL-0001产品	是否愿意购买 □愿意 □一般 □不愿意 是否愿意使用 □愿意 □一般 □不愿意
3. 您是从什么地方购买YXL-0001产品	□百货商场 □网络、邮购 □其他途径 ____
4. 您对YXL-0001产品有什么建议	

图1-3

● **线上问卷调查** 现在有许多在线问卷调查制作网站，如问卷星等，这些网站提供设计问卷、发放问卷和分析结果等一系列服务，而且还提供大量的模板，如图1-4所示。

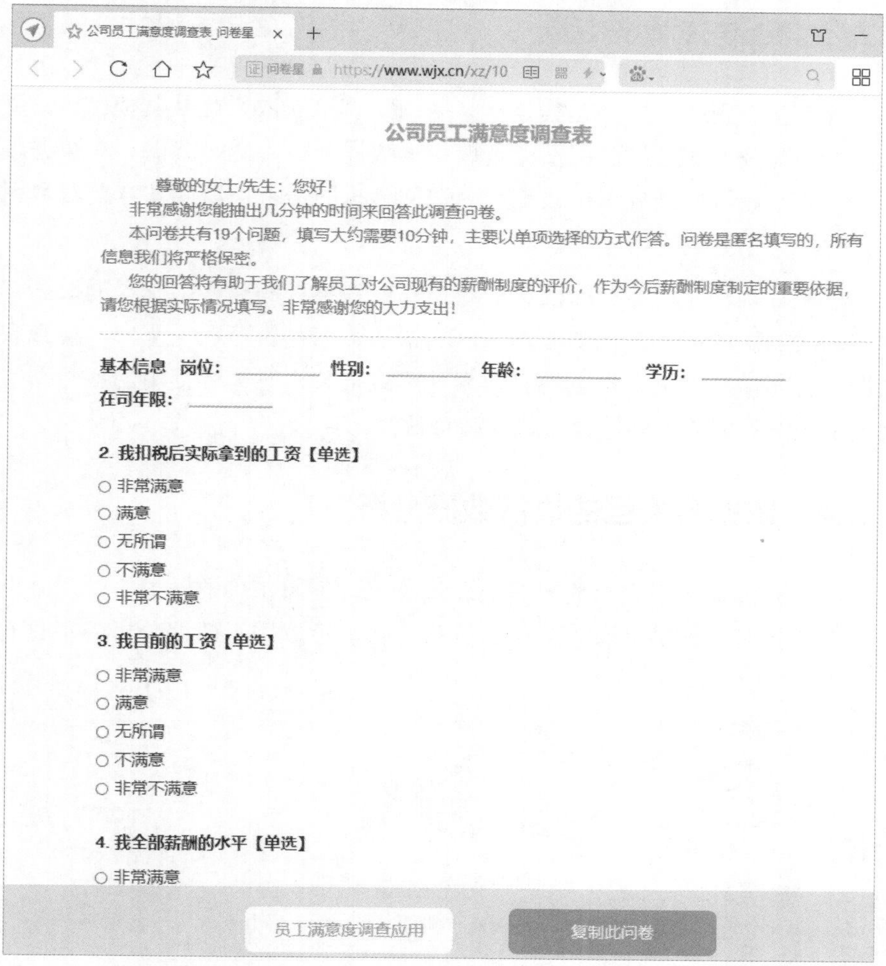

图1-4

公司依靠这些网站来制作在线调查问卷并进行问卷调查。通过这种方式可以无地域限制地扩大调查范围，而且成本相对低廉，只是对于答卷的质量无法保证。

需要说明的是，市场调查数据虽然针对性相对较强，但是也可能存在误差，因此其数据也是仅做参考，不能完全只依据调查结果来确定最终的决策方案。

1.2.3　处理并清洗数据

对于获取到的数据，尤其是从某些网站直接获取，或从其他PDF、文本文件等来源获得的数据，都不能直接用于数据分析，此时就需要对数据进行加工，从而让数据的显示格式更符合数据分析的需求，以此才方便对数据进行分析。

对于有些从公司数据库获取的数据，或者整理的第一手资料的数据，也存在二次加工的情况，例如清理录入表格的数据是否存在重复项，检查表格数据是否都填写完整，根据现有数据计算数据分析时需要使用的新数据等，以此来确保数据的正确性、完整性和有效性。

1.2.4　依据分析目的执行数据分析

数据分析是基于完整的数据处理基础上，使用正确的数据方法，辅助数据分析工具对数据进行深入分析的过程。目前可以用于数据分析的工具有很多，如图1-5所示。

图1-5

用户可以根据自己的能力和工作需求选择其中的部分工具进行学习，对于一般的数据处理，使用Excel工具就能完成，这个工具也是学习简单、上手最快的工具。

1.2.5　用合适的方式呈现分析报告内容

数据分析完成后，如何将数据以更直观和形象的方式展现出来，供他人查阅也是非常重要的一步。为了确保数据的最佳呈现方式，我们可以从如下四个方面来进行考虑。

1.确定分析报告的制作类型

在制作数据分析报告之前，首先要确定制作的数据分析报告的类型，不同的数据报告类型，其作用、制作要求都不同。

通常根据报告对象、时间、内容等的不同，数据分析报告也可被划分为多种类型，如专题分析数据报告、综合分析数据报告和日常数据通报，各类型的具体介绍如表1-3所示。

表1-3

报告类型	具体描述	特点
专题分析数据报告	专题分析数据报告主要是对某一方面或某一个问题进行专门研究的一种数据分析报告。如用户流失分析、提升企业利润率分析等	①单一性。主要针对某一方面或某个问题进行分析。 ②深入性。由于报告内容单一、主题突出，因此便于集中对问题进行深入分析
综合分析数据报告	综合分析数据报告是与专题分析数据报告相对的一种数据分析报告，它要求对企业、单位、部门业务或其他方面发展情况进行全面评价，如企业运营分析报告、全国经济发展报告等	①全面性。综合分析报告反映的对象必须站在全局的角度，对其进行全面、综合的分析。 ②联系性。由于是对对象的整体进行全面综合的分析，因此在分析时就需要将与对象相关联的所有现象、问题综合在一起进行系统的刻画

报告类型	具体描述	特点
日常数据通报	日常数据通报是按日、周、月、季、年等时间阶段定期对业务情况、计划执行进度等进行报告的一种数据分析报告。它既可以是专题性报告，也可以是综合性报告，是企业中应用最广泛的一种数据分析报告。如月度销售报表、季度生产进度报告、年度营收结构报表等	①时效性。时效性是这类数据报告最突出的特点。只有及时发现问题，了解现状，才能针对问题快速解决。 ②进度性。由于日常数据通报是报告项目计划、业务完成情况的进展，因此必须将进展与时间进行综合分析。这样才能判断进度进展的好坏，以便决策者及时调整。 ③规范性。由于这类报告会定期制作，因此其具有规范的结构。对于有些报告，为了体现连续性，还可能只是变动一下报告时间，对应更新一下数据就行了

2.分析报告制作工具如何选

数据分析完成后，可以使用PPT、Excel和Word等工具将分析结果呈现出来，但是不同的工具，其使用场景不同，各工具之间存在的优劣对比如表1-4所示。

表1-4

工具	优势	劣势	适用报告类型
Word	易于排版，方便打印出来装订成册	报告内容都是静态展示的，缺乏交互性，且不适合演示汇报	专题分析报告 综合分析报告 日常数据通报
Excel	利用公式计算数据，方便数据使用者实时更新，且包含动态图表分析结果，数据使用者与报表内容的交互性很强	不适合演示汇报	日常数据通报
PPT	可加入丰富的对象元素，并设置酷炫的动画效果，适合对数据分析结果进行演示汇报	演示文稿中展示的内容不会特别详细，只能列举报告的大纲内容和关键内容，其他内容靠演示者口述	专题分析报告 综合分析报告

3.明白报告的使用者

在制作数据报告之前，还应明确我们报告的使用者是谁，即报告给谁看。不同的报告使用者，我们在报告中呈现数据的时候，也有侧重点的考虑。例如，报告是给公司的领导层阅读，他们通常只关心结果，因此数据呈现方式要重点突出最终的结果；又如报告的使用者是项目的执行层，他们是项目执行的关键人物，因此更注重过程，此时的数据呈现方式就要注重过程，尽量阐述得详细和细致。

4.报告内容的可视化呈现方式有哪些

在整个数据分析过程中，报告内容的可视化呈现方式是非常关键的，但这又是容易被报告制作者忽视的地方。

虽然形式看起来不重要，但却是数据分析结果面向最终阅读者的直接方式。通常，要想将数据结果更直观、形象、清晰地呈现在最终阅读者的眼前，应尽量注意图形化展示，即能用表格的不用文字，能用图表的不用表格，下面我们来看一个例子。

案例精解

理解报告内容可视化的优势

销售部经理张某要求助理梁某每天都要将当天每个员工的销售总额数据进行汇总，呈现给她看，以便了解各员工的工作情况。

如下是梁某汇总整理的12月24日各员工的销售额汇总报告。

2020年12月24日：

①张雪莹的销售总额为5.637万元。

②刘晓燕的销售总额为8.256万元。

③贺一航请事假，销售总额为0。

④马东的销售总额为9.754万元。

⑤王英明的销售总额为6.354万元。

⑥赵宇的销售总额为5.378万元。

从上面的文字内容可看出，汇总报告的内容准确，语言表达流畅。但是作为领导人而言，他们需要的是一个清晰、直观的汇报结果，因此通常是不会花太多时间看密密麻麻的文字报告的，因为这样可能导致领导什么信息都没有记住。

因此，经过思考后，梁某对汇总报告进行了修订，采用表格的形式来说明情况，其修订后的表格如表1-5所示。

表1-5

员工	销售总额（万元）	备注
张雪莹	5.637	
刘晓燕	8.256	
贺一航	0	请事假
马东	9.754	
王英明	6.354	
赵宇	5.378	

经过修改后可以看出，用表格传递信息要比使用文本传递信息的效果明显好得多，对于数据较少的情况下，表格绝对是首选的表达方式。

如果表格数据内容很多，或者要突出显示某些数据，如销售总额最大的数据是什么？是否达到规定的销售额？默认的表格效果是不能展示出这些内容的。

为了解决这一问题，可以用图表来展示员工的销售总额统计数据结果，因为图表可以更形象直观地传递更多的数据信息，这是文字描述和表格方式无法做到的。

例如将表1-5所示的数据制作成图表，并突出显示其中销售总额最大的数据信息，标注为什么贺一航的销售总额数据为0的原因，以及绘制规定销售额参考线，其结果表达如图1-6所示。

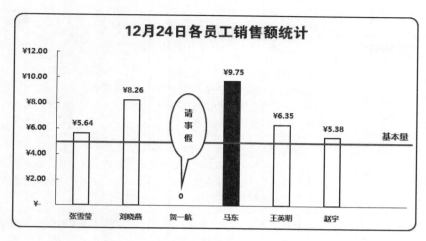

图1-6

由此可见，对数据结果的可视化展示在数据分析报告中的作用有多明显。这也是本书接下来将要重点介绍的内容——如何在Excel中利用图表来可视化展示数据分析结果。

1.2.6 编写可读性高的数据分析报告

数据分析报告是整合数据分析工作的全过程，也是对此次数据分析得到结果的一个最终确定，因此数据分析报告的撰写也不能马虎。

数据分析报告的好坏会直接影响阅读者是否正确理解数据分析结果，如果想要写好一份数据分析报告，可以从如表1-6所示的4个标准来进行编写。

表1-6

编写标准	具体阐述
报告要有明显框架	数据分析报告的框架是整个报告的"主心骨"，而且在搭建报告框架的时候，一定要站在目标阅读者的角度来思考并梳理出合理、具有逻辑顺序的结构，尤其对于利用Word和PPT制作的数据分析报告，更要有清晰的结构框架。只有结构清晰、主次分明的框架，才能让阅读者有看下去的兴趣

编撰标准	具体阐述
分析要有重点结论	在完成数据分析后，一定要有对应的分析结论，如果只有分析过程，没有最终的分析结论，那么分析工作就没有意义。在总结分析结论时，一定要有侧重点，对重要的分析结论进行详细的阐述，这样才更利于阅读者抓住重点问题
报告要有可读性	无论是哪种类型的数据分析报告，在撰写时一定要注意报告的可读性，尽量多用一些图形化的表达方式来简化文字描述，让阅读者有阅读的欲望。但也不是表格、图表越多越好，过多的表格和图表也会造成阅读者的视觉疲劳
问题要有解决方案	在分析报告中，一定要针对某个目标问题有切实可行的解决方案或者建议，供决策者参考。如果数据分析结果没有解决方案，那么问题仍然客观存在，并没有得到解决，由此所做的数据分析工作也就没有实际意义

第2章

文不如图，从数据到可视化的转变

在读图时代，将数据可视化表达是一个基本要求。Excel作为一款入门容易、功能强大的数据分析工具，如何才能将数据可视化展示呢？对于可视化展示中的重点方式——图表，我们又了解多少呢？学完本章，你将进一步认识Excel数据可视化。

● Excel中数据可视化展示的方式

- 图表，抽象数据直观展现的利器
- 迷你图，麻雀虽小五脏俱全
- 条件格式，简单工具也能有大用处
- 图形，数据形象展示的调味剂

● 对于Excel图表，你知道多少

- 用Excel图表可视化展示数据的优势
- 数据变成Excel图表要经历的过程
- 初学者如何才能制作合适的图表

● 专业图表应具备的特点

- 2020年双十一全景洞察分析报告中的图表赏析
- 明确地表达图表要传达的观点
- 最大化数据墨水
- 突破默认的效果
- 具有完美的细节

2.1 Excel中数据可视化展示的方式

Excel是Office软件中的数据处理组件，是职场人士熟知的工具。其可以对数据进行管理、计算和分析。对于数据的可视化展示，Excel也具有独特的呈现方式，下面就来具体了解一下Excel中的数据可视化展示方式有哪些。

2.1.1 图表，抽象数据直观展现的利器

图表可以将一组枯燥的数据更形象地展示出来，让他人看得更直观、更清晰，如第1章的"理解报告内容可视化的优势"范例，其中就具体介绍了文字→表格→图表的展示效果对比。为了方便查看，这里将其再次列举出来，如图2-1所示。

文字

```
2020年12月24日：
①张雪莹的销售总额为5.637万元。
②刘晓燕的销售总额为8.256万元。
③贺一航请事假，销售总额为0。
④马东的销售总额为9.754万元。
⑤王英明的销售总额为6.354万元。
⑥赵宇的销售总额为5.378万元。
```

表格

员工	销售总额（万元）	备注
张雪莹	￥5.637	
刘晓燕	￥8.256	
贺一航	0	请事假
马东	￥9.754	
王英明	￥6.354	
赵宇	￥5.378	

图表

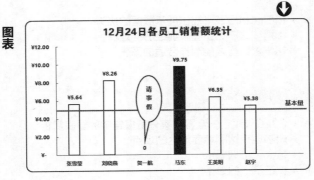

图2-1

从图中可以查看到，从文字到表格到最终的图表，数据信息展示一步一步地清晰，结果也越来越直观。

因此，图表作为数据直观展示的利器被广泛应用到数据的可视化展示中，如图2-2所示为图表展示效果。

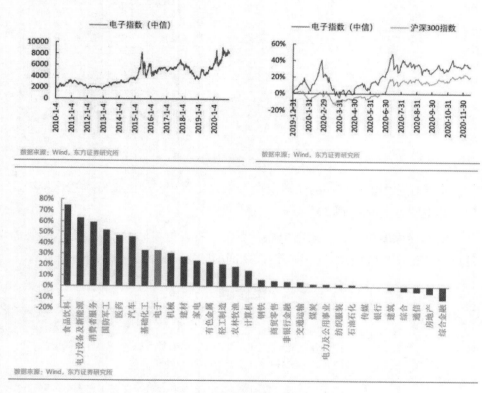

图2-2

2.1.2　迷你图，麻雀虽小五脏俱全

在Excel 2007以后的版本中，除了前面介绍的对象图表以外，系统还添加了一种微型图表——迷你图，这种图表是可以嵌入到单元格中的，如图2-3所示为利用迷你图展示的数据分析结果。

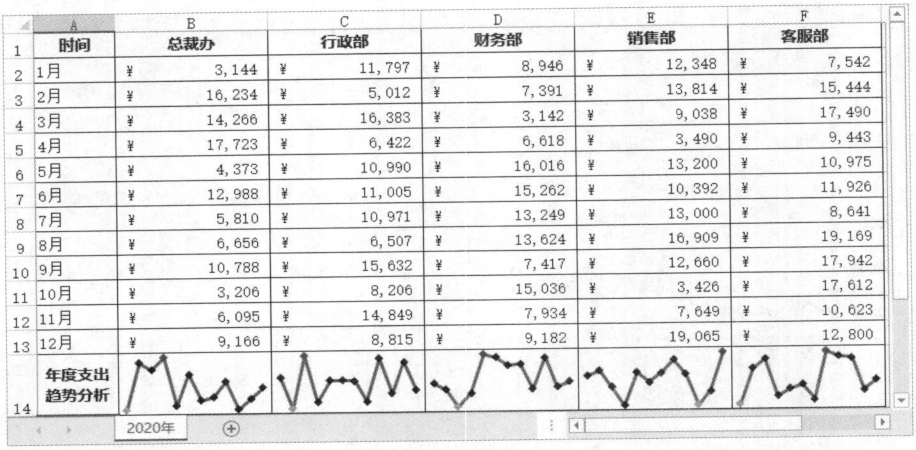

	A	B	C	D	E	F
1	时间	总裁办	行政部	财务部	销售部	客服部
2	1月	¥ 3,144	¥ 11,797	¥ 8,946	¥ 12,348	¥ 7,542
3	2月	¥ 16,234	¥ 5,012	¥ 7,391	¥ 13,814	¥ 15,444
4	3月	¥ 14,266	¥ 16,383	¥ 3,142	¥ 9,038	¥ 17,490
5	4月	¥ 17,723	¥ 6,422	¥ 6,618	¥ 3,490	¥ 9,443
6	5月	¥ 4,373	¥ 10,990	¥ 16,016	¥ 13,200	¥ 10,975
7	6月	¥ 12,988	¥ 11,005	¥ 15,262	¥ 10,392	¥ 11,926
8	7月	¥ 5,810	¥ 10,971	¥ 13,249	¥ 13,000	¥ 8,641
9	8月	¥ 6,656	¥ 6,507	¥ 13,624	¥ 16,909	¥ 19,169
10	9月	¥ 10,788	¥ 15,632	¥ 7,417	¥ 12,660	¥ 17,942
11	10月	¥ 3,206	¥ 8,206	¥ 15,036	¥ 3,426	¥ 17,612
12	11月	¥ 6,095	¥ 14,849	¥ 7,934	¥ 7,649	¥ 10,623
13	12月	¥ 9,166	¥ 8,815	¥ 9,182	¥ 19,065	¥ 12,800
14	年度支出趋势分析					

2020年

图2-3

虽然迷你图的类型相对于对象图表来说比较少，而且设置项也比较少，但是其也能完整地展示数据之间的关系。

既然迷你图也能将数据图形化，那么，图表与迷你图，应该怎么选呢？这就需要用户理解清楚迷你图与图表之间的区别，具体如表2-1所示。

表2-1

类型	区别
迷你图	嵌入在单元格中的微型图表，图表类型比较少，只有柱形图、折线图和盈亏图3种，且图表的设置项少
图表	浮于工作表上方的对象，或者单独存放于图表工作表中，可同时对多组数据进行分析，图表类型比较多，且设置项多

因此，如果只需要对某行或者某列中连续单元格区域中的数据大小进行比较或者查看数据的变化走势，可以不用创建图表那么麻烦，直接使用程序内置在单元格中的迷你图即可完成比较。

2.1.3　条件格式，简单工具也能有大用处

数据分析的结果可能是一个数据，也可能是一条记录，在数据表中，将得到的结果用不同的方式突出显示，可以让用户在数据繁多的表格中一目了

然地找到分析结果。这就要用到Excel中的条件格式功能，虽然这个功能简单，就是突出显示符合规则的数据，但是在数据分析结果处理中也有非常大的指示作用。

如图2-4所示为条件格式功能在年度财务报表中的应用。

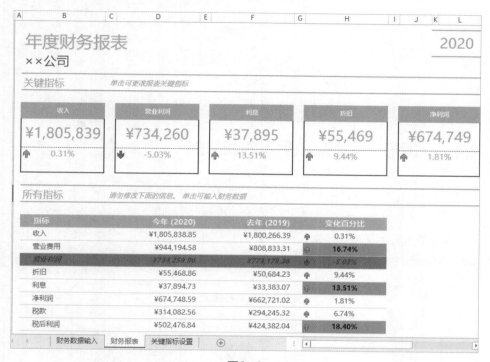

图2-4

Excel提供的条件格式规则有5个，分别是突出显示单元格规则、项目选取规则、数据条、色阶和图标集。

突出显示单元格规则和项目选取规则的作用主要是在一组数据中，突出显示指定的数据，例如突出显示最大值、突出显示前3个最大值等，其突出显示的格式主要是通过单元格填充色或字体格式效果达到突出的目的，如图2-4中用橙色单元格填充色和黑色加粗的字体突出显示变化百分比值在10%以上的数据。

数据条、色阶和图标集主要是根据一组数据中的大小，然后分别用不同的数据条长短、颜色深浅以及图标效果来对数据的大小进行标识，各效果如图2-5所示。

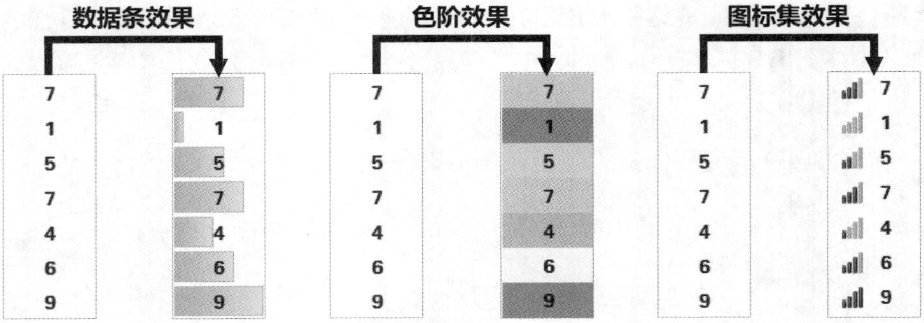

数据条效果   色阶效果   图标集效果

图2-5

有关条件格式的具体应用和相关操作将在本书的第11章详细介绍。

2.1.4　图形，数据形象展示的调味剂

虽然使用图表可以将枯燥的数据直观展示，但是在图表中，如果再适当使用一些图形元素，更能体现分析结果的可视化特征。

如图2-6所示为某超市8月果味酸奶的销售情况分析，在图中用柱形图图表将各类酸奶的销售情况进行了直观展示。

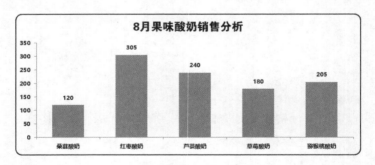

图2-6

如图2-7所示为图2-6的优化效果，该图将默认的柱形形状的数据系列填充了对应的图片，从图片的展示效果，可以更直观地查看对应数据系列代表的是哪种酸奶。

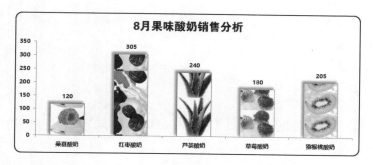

图2-7

从以上两个图的对比效果可以明显地看到图片在数据形象展示中的作用。而除了图片，还有形状、文本框等图形，这些对象在图表中进行适当添加，也可以让信息传递更直观。如图2-8~图2-10所示为这些图形对象在图表中的具体应用效果。

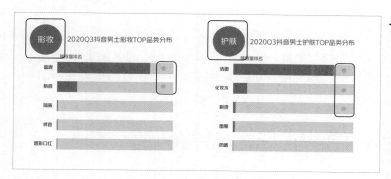

◀用圆形形状突出分析类型

用箭头形状突出排名上升

图2-8

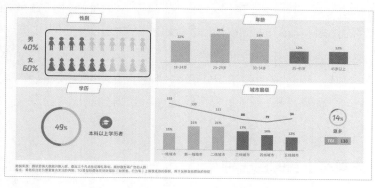

◀用自由曲线绘制的男女人物对象让数据系列展示更直观

图2-9

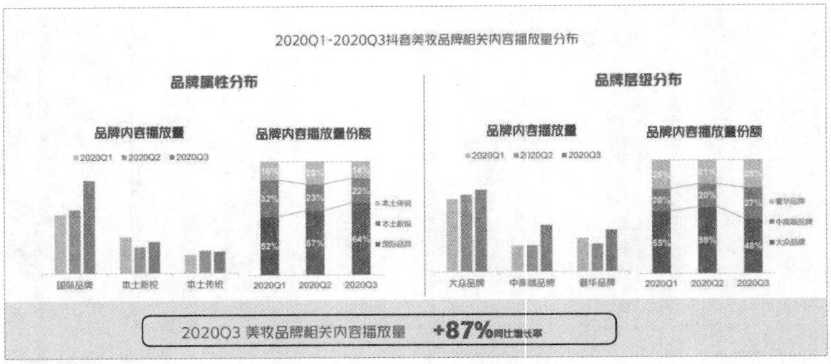

◀用文本框形状添加更多的补充说明

图2–10

2.2 对于Excel图表，你知道多少

图表作为Excel中数据分析结果可视化的重要呈现方式，必须对它有全面的了解，这样才能帮助我们更好地进行图表表达。本节将从用Excel图表可视化展示数据的优势有哪些、数据变成Excel图表要经历的过程以及初学者如何才能制作出合适的Excel图表这三个方面来了解图表。

2.2.1 用Excel图表可视化展示数据的优势

俗话说“一图胜千言”，对于数值数据而言，这里的“图”主要指图表，其泛指在屏幕中显示的，可直观展示统计信息属性（时间性、数量性等），对重点内容的挖掘和信息的直观生动感受起关键作用的图形结构。

简单来说，图表就是图形化的数据，其由点、线、面等图形与数据文件按特定的方式组合而成。通过前面的学习，我们知道了图表可以让枯燥的数据更加直观。除了这个优势，用Excel图表可视化展示数据到底还有哪些优势呢？具体内容如下。

1.Excel图表具有丰富的图表种类

在Excel中，系统内置了多种图表类型，如图2-11所示。通过这些图表类型可以将日常遇到的各种数据关系进行很好的表达。用户只需要确定数据源，即可选择这些图表类型快速创建出所需的图表，非常快捷和方便。

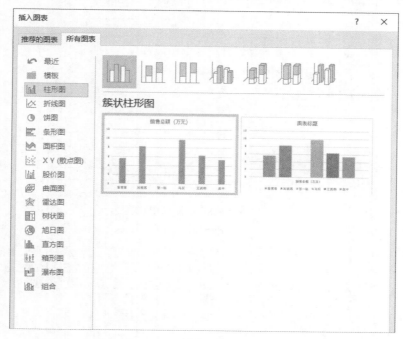

图2-11

2.Excel图表可随数据源动态变动

Excel图表可随数据源动态变动是指图表内容自动随源数据的改变而变化。这主要是由于Excel中的数据系列是通过公式的方式引用到图表中的，因此要确保图表数据随数据源的变动而自动更新，就必须确保Excel程序的公式的计算模式为"自动重算"。在"自动重算"模式下，如果修改图表引用的源数据区域单元格中的数据，则图表将随之变化。

如图2-12所示的为改变数据后，图表的数据系列随之发生改变。从图中可以看出，将北京市的支付新客户数据修改后，数据源的未支付访客数自动变化，图表中对应的北京市的支付新客户数据系列和未支付访客数的数据系列的长短以及对应的数据标签也发生了改变。

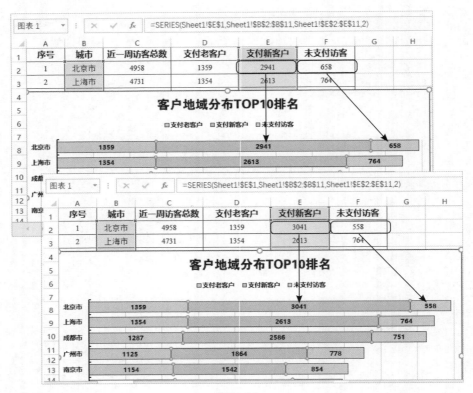

图2-12

知识延伸 | 如何启用"自动重算"模式

如果想要将工作簿设置为"自动重算"模式，则可以打开"Excel选项"对话框，单击"公式"选项卡，在"计算选项"栏中选中"自动重算"单选按钮，如图2-13所示，然后单击"确定"按钮即可完成设置。

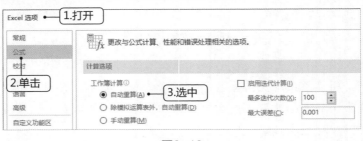

图2-13

2.2.2 数据变成Excel图表要经历的过程

Excel图表可直观地反映出数据的变化，以及显示更加直观的数据特征和表达更加丰富的数据信息。

那么，Excel图表是怎样做成的呢？

Excel图表并非简单地使用鼠标操作就能完成图表的创建，对于一次完整的数据分析工作，其中还包括Excel图表的产生以及创建前的分析，即图表不能直接从我们提供的原始数据资料跳跃形成图表，它需要一个中间转化过程，即数据资料的表单化。从数据资料演变成图表，具体要经历的过程如图2-14所示。

数据资料演变成Excel图表

1 **整理资料**：将搜集的零散信息整理成可以使用的完整文字资料（如果有现成的文字资料，可省略该步）

2 **生成表单**：文本表单化是指从文字资料中筛选出需要的数字数据，并将其整理成简洁、直观的表单

3 **定数据源**：定数据源是指根据图表的主题需要，在制作的表单中确定生成图表的源数据

4 **确定类型**：确定类型是指根据用户对数据的分析目的，选择并确定最能体现数据关系的图表类型

5 **创建图表**：该步骤是图表形成的最后步骤，该步骤主要是根据表单中确定的数据源，用Excel创建图表

图 2-14

在以上的过程中，如果数据源资料是零散的文本信息，那么可完全按照以上步骤才能制作出最终所需的Excel图表；如果数据源资料本身就是一份表格数据，那么只需要执行第3～5个步骤就可以生成Excel图表。

2.2.3　初学者如何才能制作合适的图表

在Excel图表形成过程中，确定图表类型是非常重要的环节。Excel图表有多种类型，对于初学者来说，哪种关系才能最好地展现分析结果呢？此时可以根据所提供的数据资料尽可能地构思多个草图，对比后再从中选择最合适的。久而久之，积累足够的经验后，也就能够熟练确定合适的图表了。

案例精解

根据资料信息尽可能构思草图

以下有3份资料，根据资料信息，试试你能画出哪些图表。

【资料1】2020年下半年，公司与同行业的3家竞争公司相比较（分别为A公司、B公司和C公司），全年的销售业绩仍然是最低的一个。

【资料2】2020年第四季度各店铺商品1和商品2的销量汇总结果为：A店铺销售商品1共4万件，销售商品2共3.5万件；B店铺销售商品1共2万件，销售商品2共4万件；C店铺销售商品1共5万件，销售商品2共1.5万件；D店铺销售商品1共2.8万件，销售商品2共4.2万件。

【资料3】为了拓展规模，公司对近几年的盈利情况进行了分析，2015年～2017年，公司盈利分别为15万元、10万元、13.75万元，自从2018年改变销售策略以后，公司的盈利逐年翻倍上涨，2018年盈利20万元，2019年盈利40万元，在2020年达到了顶峰，盈利60万元，是2015年的4倍。

下面来看看你绘制了多少个呢？（注：以下构思的草图图表效果中的数据系列只显示出各数据大小的相对关系，并不是数据的精确展示）

【资料1】2020年下半年，公司与同行业的3家竞争公司相比较（分别为A公司、B公司和C公司），全年的销售业绩仍然是最低的一个。

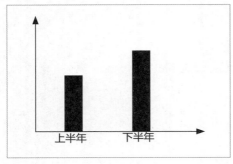

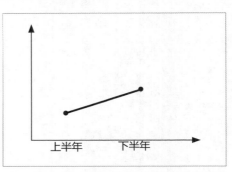

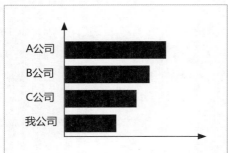

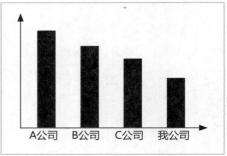

【资料2】2020年第四季度各店铺商品1和商品2的销量汇总结果为：A店铺销售商品1共4万件，销售商品2共3.5万件；B店铺销售商品1共2万件，销售商品2共4万件；C店铺销售商品1共5万件，销售商品2共1.5万件；D店铺销售商品1共2.8万件，销售商品2共4.2万件。

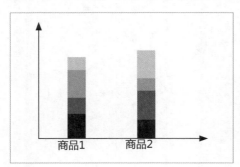

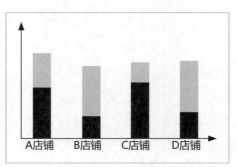

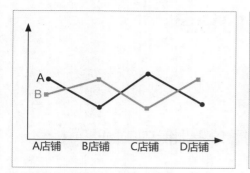 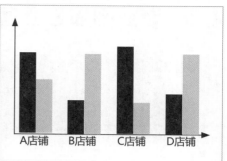

【资料3】为了拓展规模,公司对近几年的盈利情况进行了分析,2015年~2017年,公司盈利分别为15万元、10万元、13.75万元,自从2018年改变销售策略以后,公司的盈利逐年翻倍上涨,2018年盈利20万元,2019年盈利40万元,在2020年达到了顶峰,盈利60万元,是2015年的4倍。

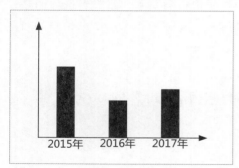 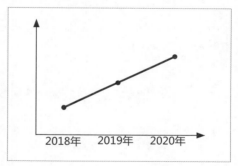

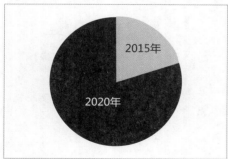 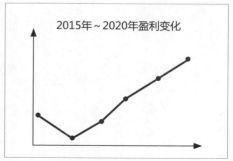

2.3 专业图表应具备的特点

数据分析工作是一项专业、严谨的工作内容，为了让报告体现专业性，在制作图表时，也要注意图表的专业性体现。

2.3.1 2020年双十一全景洞察分析报告中的图表赏析

在介绍专业图表有哪些特点之前，我们先来欣赏一下一些商业数据分析报告是如何使用图表的，让读者对专业图表的效果有初步感受。（本节介绍的图表，是来自名为《2020年双十一全景洞察（上篇）》和《2020年双11全景洞察（完整版）》的分析报告）

在图2-15中展示的是天猫双十一历年的销售额回顾，制作者选择的是柱形图来进行比较分析，使得阅读者能够轻易、清晰地看出历年销售额的对比和增长趋势等信息。

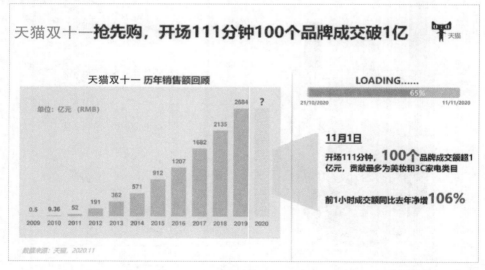

图2-15

在以上的图表中，对于历年的双十一销售额数据，由于已经统计完成，因此采用纯色进行填充。而由于2020年的双十一分为两个阶段，因此在第一阶段完成后，第二阶段还未开始的时候，2020年的销售额数据采用的是斜线纹理的效果，并用问号替代了当年的销售额数据，表示尚未可知的意思。而且右侧也使用了形状对象制作了一个进度条效果，表示还未结束。

在图2-16中展示的是历年天猫双十一的销售额以及2020年天猫双十一两波销售的累计销售额。

图2-16

由于双十一电商节活动已经结束，因此在该图表中不仅使用了颜色和醒目的文字将当年的销售额突出显示出来，且在图表右侧还用形状对象梳理了整个双十一期间关键时间点的交易记录，让阅读者可以更清晰地查看到双11交易活动的进展情况。

以上两个图是数据分析报告中图表的具体应用，无论其外观设计，还是布局效果，还是内容展示，都体现了专业图表的效果。那么，专业图表效果到底具备哪些特点呢？

下面分别介绍几种使图表体现专业特性的技巧，以此来了解专业图表的特点。

2.3.2　明确地表达图表要传达的观点

明确的观点是可视化的基本要求。要明确观点，首先要注意的就是图表标题。

图表标题是Excel图表中必需的图表元素，对于图表的标题，一定要做到直接、具体，不能有歧义，如图2-17所示的图表标题。

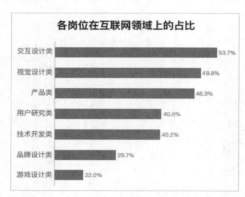

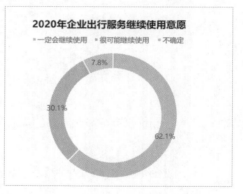

图2-17

如果标题不具体，甚至很宽泛，就会让阅读者抓不住重点，如"2020年财务分析图表"，财务分析包含的内容有很多，这里的财务分析图表到底是什么，就出现了指代不明的问题。

除此之外，在图表中添加必要的备注说明是有效传递制作者观点的有效途径，如图2-18所示，制作者在图表中利用形状+补充文字的方式将"求职者实践经验少"这一最大招聘痛点的观点进行了有效传达。

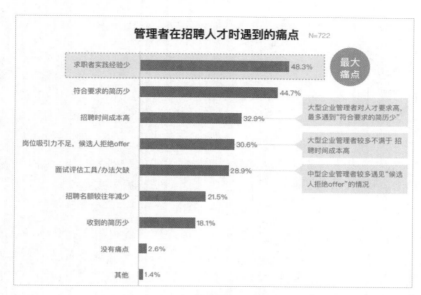

图2-18

2.3.3　最大化数据墨水

在讲解最大化数据墨水之前，先来看一幅图片，如图2-19所示。

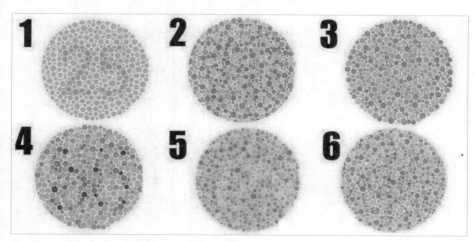

图2-19

该图是一个发现你是否隐藏心理疾病的图片，不能看到某个圆圈中的数字，就说明某方面潜伏问题，当然，前提是你不是色盲或者色弱。这种测试图是一个明显没有考虑数据墨水所造成的效果的情况。

对于某些测试可以这样做，但是在数据分析结果的处理中，利用Excel的图表功能目的是让他人直观地看清楚数据分析的结果，而不是让他人来猜测数据结果，也不是为了检测他人是否色盲、色弱而将图表效果设置得很"炫"。

在Excel图表中，数据墨水是指系列数据生成的数据图，如饼图中的所有扇区和图表标题都可以是饼图的数据墨水区；非数据墨水是指除系列数据生成的数据图外的其他内容，如柱形图的绘图区。

图表设计的根本原则就是最大化数据墨水比。数据墨水比并不是真的指数据墨水与非数据墨水之间具体的比例值，它只是一个概念而已，要求我们考虑每个图表元素的使用目的与最佳呈现方式，图表中的每一点墨水都要有存在的理由，即根据我们实际的需求，选择合适的图表元素，组合出需要的效果。那么，如何才能最大化数据墨水比呢？具体如图2-20所示。

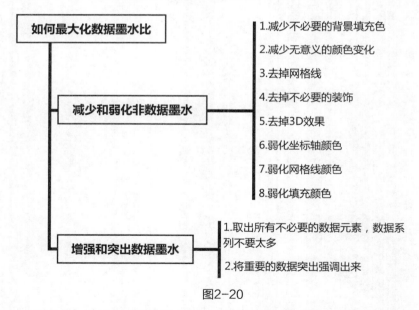

图2-20

下面对比一下图表数据墨水最大化的效果，如图2-21所示为未进行任何设置的素材效果。

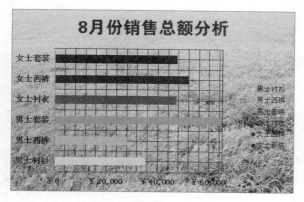

图2-21

初始效果中，为图表区添加了背景、网格线及图例，数据系列颜色不一，最大值不显眼、不醒目。下面对其进行图表数据墨水最大化过程，如图2-22所示。

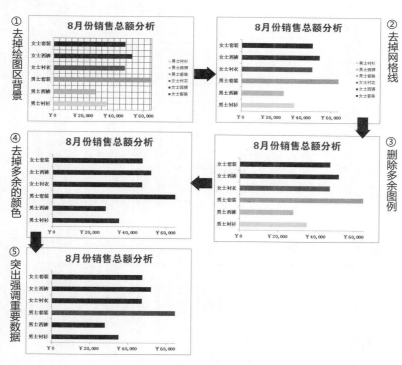

图2-22

2.3.4　突破默认的效果

要做到专业，就要突破默认的效果。专业的Excel图表效果可以从颜色、布局、字体等入手，下面具体讲解相关要求。

1.使用专业品质的配色

专业的图表，很大程度上是因为其外观具有专业品质的配色，通过这种配色体现出一种专业精神，如图2-23所示。普通用户制作图表，往往会采用默认的颜色，长期使用默认的颜色，会导致阅读者的审美疲劳。因此，专业图表一定不是使用的默认颜色。

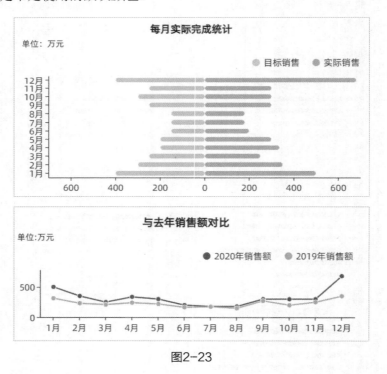

图2-23

2.使用科学人性化的布局

图表默认布局中绘图区、图例都会占据大量的空间，使得空间利用率不高，传递的信息量少。一般商业图表的布局都不使用默认布局，它们大多采用从上到下的顺序排列主标题、图例（如果需要）、绘图区、脚注，其特点是标题区突出，阅读顺序符合人的阅读习惯。

对于演示报告中的图表，还经常会在主标题下添加副标题。如图2-24所示，主标题为"互联网医疗App月活用户排名"，在此基础上又在下方添加了副标题"2020年11月互联网医疗App月活用户排名"，进一步对图表内容进行说明。

图2-24

3.使用更为简洁醒目的字体

商业图表很重视图表中使用的字体，因为该元素会直接影响到图表的专业性和个性风格。字体属于设计人员的专业领域，普通用户很少了解，但要制作出专业效果的图表，也有必要更改默认的字体，如图2-23和图2-24所示的图表，图表中的字体都不是默认的字体。Excel默认情况下使用的字体为宋体、12磅，在这种情况下做出表格或图表很难体现专业效果，如图2-25所示。

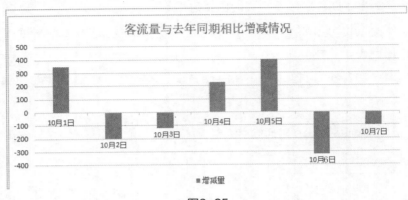

图2-25

2.3.5 具有完美的细节

前面介绍的内容主要是针对图表的外观进行设置的，而真正体现商业图表专业性的地方，是对图表的细节进行处理，它包括数据信息的补充、表述专业等。

如图2-26所示，在图表的下方添加数据来源补充，让图表中的数据结果更具真实性。

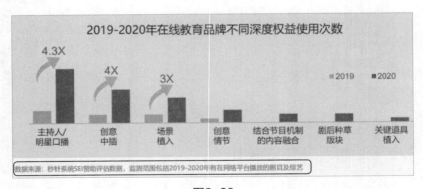

图2-26

如图2-27所示，在图表中添加样本量以及数据计算的公式和基础，让数据分析结果的使用者可以更清楚数据的得来。

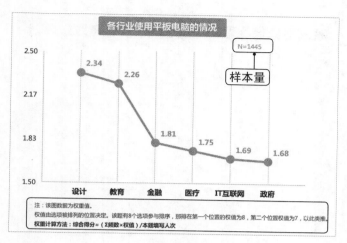

图2-27

除此之外，为了让数据表述更专业，通常还有一些专业的后缀，这种后缀一般是针对分类坐标轴为时间的图表。

通常，在数据图表中，如果分类坐标轴为年份，其后有时会出现"Q""H""E"等后缀，各种后缀的含义是不同的。

"Q"是Quarter（四分之一）的缩写，也就是季度，如2020Q1、2020Q2分别代表2020年第一季度和2020年第二季度，如图2-28所示的图表效果。

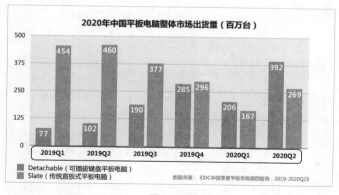

图2-28

"H"是Half的缩写，就是半年，如图2-29所示，2020年H1就是2020年上半年的意思。

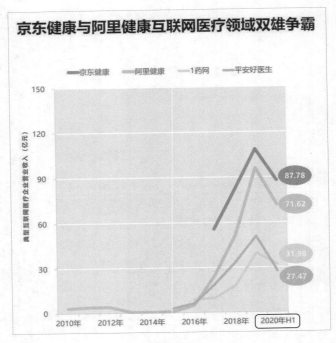

图2-29

"E"是Estimation单词的首字母，其含义是估值、预测值的意思，如图2-30所示，2015年～2019年的数据都是真实的数据，而2020年～2022年的数据都是预测数据。（也有使用"F"标识，其是Forecast的首字母，也是估值的意思）。

图2-30

第 ③ 章

夯实基础，图表基本操作全掌握

Excel图表功能强大，能够实现的效果也多种多样。要想用好图表进行数据分析，掌握图表相关基础知识是必不可少的。掌握了基础知识，在后续的学习过程中才能更加轻松。

● 了解Excel图表的基础知识
- 了解图表的基本组成
- 图表类型的基本介绍与选择
- 图表元素的功能及应用技巧

● 快速创建图表与更改图表类型
- 创建图表的常用方法
- 更改整个图表的图表类型
- 更改某个数据系列的图表类型

● 如何对图表进行修改
- 添加新数据系列
- 坐标轴的刻度不是固定不变的
- 数据到底多大？让数据标签告诉你

● 美化图表外观样式
- 应用内置样式美化图表
- 改变图表的布局效果

3.1 了解Excel图表的基础知识

我们生活的世界是丰富多彩的，几乎所有的知识都来自视觉。一串数字可能难以记忆，图表、线条等则容易记忆。在Excel中要用好图表合理展示数据，首先需要了解图表的基础知识，做好准备。

3.1.1 了解图表的基本组成

了解图表的基本组成，可以帮助用户明确图表各部分的名称，以及其对应的功能，以便在后续的学习过程中能够快速知道操作的具体内容，从而提升学习效率。

Excel图表并不是固定的，用户可以根据需要对图表元素进行调整，从而创建出不同样式的图表。一般情况下，图表主要由图表区、绘图区、数据系列、图例、数据标签以及网格线等部分组成，Excel图表的基本结构如图3-1所示。

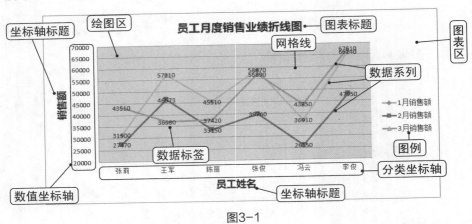

图3-1

从图3-1可以基本明确图表中各部分所指代的具体内容，下面具体介绍图表的组成部分，如表3-1所示。

表3-1

组成部分	具体介绍
图表区	相当于图表的画布，用于承载图表的所有元素，只有图表区的图表称为空图表，没有图表区就没有图表的存在
绘图区	主要用于存放数据系列、坐标轴、网格线等图表元素，是图表的重要组成部分。如果在三维效果的图表中，还包括背景墙、侧面墙和基底等元素
数据系列	根据数据源中的数据绘制到图表中的数据点，一个图表可以包含一个或多个数据系列
图例	用于标识当前图表中各数据系列代表的意义，通常在同一图表中包含两个或两个以上数据系列时，都需要显示图例，图例的形状、颜色和图案与图表中每个数据系列相对应，数据系列样式更改以后，图例中的图标样式也将自动更改
数据标签	在每个数据点上显示的代表当前数据点数值大小的说明文本
网格线	是一种常见的图表辅助线，分为横网格线和纵网格线。横网格线用于辅助查看数据系列与数值坐标轴刻度的对应关系；纵网格线用于辅助查看数据系列与分类坐标轴的对应关系
数值坐标轴	用于显示数据系列对应的数值刻度
分类坐标轴	用于显示数据系列对应的分类名称
坐标轴标题	对当前坐标轴显示内容的简要说明
图表标题	对当前图表展示的数据进行简要说明，通常要求从图表标题中可以看出图表的功能或图表要表达的中心思想

3.1.2 图表类型的基本介绍与选择

在使用Excel图表进行数据分析前，首先需要了解Excel中具体包含哪些图表类型，以及不同图表类型具体用来分析哪些数据。Excel中包含的图表类型较为完善，可以进行数据的比较分析、趋势分析以及占比分析等。下面具体介绍不同图表的具体功能和使用场景。

1.比较关系图表

比较关系图表是指图表可以用来比较不同数据之间大小的关系，主要包括柱形图和条形图。

● **柱形图** 是数据分析中使用较多的图表，通常用于显示一段时间内的数据变化或说明项目之间的比较结果。此外，由于柱形图可以通过数量来表现数据之间的差异，因此被广泛地应用于时间序列数据和频率分布数据的分析，如图3-2所示。

● **条形图** 是用于显示各项数据之间的大小关系，但是与柱形图不同的是，条形图弱化了时间的变化，更加偏重于比较数据之间的大小，如图3-3所示。

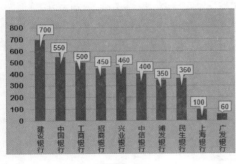

图3-2

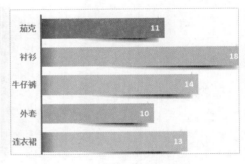

图3-3

2.趋势关系图表

趋势关系图表主要用来展示数据的变化趋势，常用的趋势关系图表包括折线图和面积图。

● **折线图** 是以折线的方式展示某一时间段的相关类别数据的变化趋势，强调时间性和变动率，适用于显示与分析在相等时间段内的数据趋势，如图3-4所示。

● **面积图** 主要是以面积的大小来显示数据随时间而变化的趋势，也可表示所有数据的总值趋势，如图3-5所示。

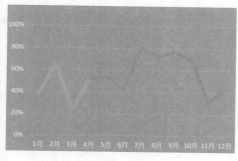

图3-4

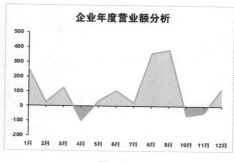

图3-5

3.占比关系图表

占比关系图表主要用来展示部分数据占整体数据的比重关系，常用的占比关系图表包括饼图和圆环图。

●饼图 一般用于展示总和为100%的各项数据的占比关系，该图表类型只能对一列数据进行比较分析，如图3-6所示。

●圆环图 包含多列目标数据的占比分析，可以使用系统提供的圆环图来详细说明数据的比例关系。圆环图由一个或者多个同心的圆环组成，每个圆环表示一个数据系列，并划分为多个环形段，每个环形段的长度代表一个数据值在相应数据系列中所占的比例。此外，在表格中从上到下的数据记录顺序，在圆环图中对应从内到外的圆环，如图3-7所示。

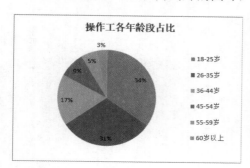

图3-6

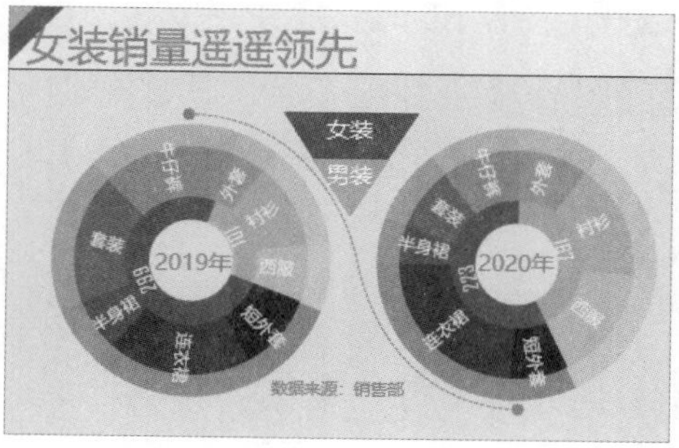

图3-7

4.其他关系图表

除了前面介绍的几种图表外，Excel中还提供了一些特殊的图表，包括雷达图、XY散点图、气泡图和股价图等。

● **雷达图** 在对同一对象的多个指标进行描述和分析时，可选用雷达图图表，该图表类型可以使阅读者能同时对多个指标的状况和发展趋势一目了然，如图3-8所示。

● **XY散点图** 有散点图和气泡图两种子类型，其中，散点图将沿横坐标（X轴）方向显示的一组数值数据和沿纵坐标轴（Y轴）方向显示的另一组数值数据合并到单一数据点，并按不均匀的间隔或簇显示出来，常用于比较成对的数据，或显示独立的数据点之间的关系，如图3-9所示。

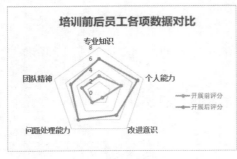

图3-8　　　　　　　　　　　图3-9

● **气泡图** 是散点图的变体，因此，其要求的数据排列方式与散点图一样，即确定一行或一列表示X数值，在其相邻的一列或一行表示相应的Y轴数值。在气泡图中，以气泡代替数据点，气泡的大小表示另一个数据维度，所以气泡图比较的是成组的3个数，如图3-10所示。

● **股价图** 主要用于展示股票价格的波动情况，如图3-11所示，若要在工作表中使用股价图，其数据的组织方式非常重要，必须严格按照每种图表类型要求的顺序来排列。

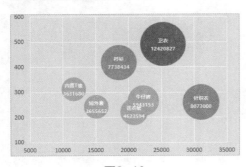

图3-10

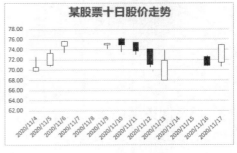

图3-11

5.Excel 2016新增关系图表

为了更好地帮助用户进行数据分析，在Excel 2016中，程序新增了5种图表类型，分别是旭日图、树状图、箱形图、瀑布图和直方图，通过这5种图表可以帮助用户创建财务或分层信息的一些最常用的数据可视化，以及显示数据中的统计属性。

下面对其中的常见图表应用类型进行介绍。

● **旭日图** 非常适合显示分层的数据，并将层次结构的每个级别均通过一个环或圆形表示出来，最内层的圆或圆环表示层次结构的顶级，如图3-12所示。此外，如果旭日图包含了多个级别类别，则强调外环与内环的对应关系。

● **树状图** 是一种直观、易读的图表，特别适合展示数据的比例和数据的层次关系。如分析一段时期内销量最大的商品、赚钱最多的产品等，如图3-13所示。

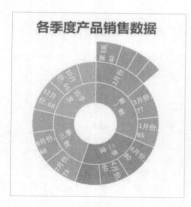

图3-12

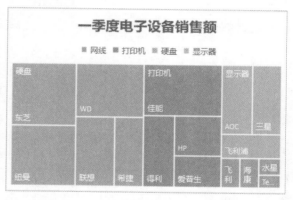

图3-13

● **箱形图** 不仅能很好地展示和分析数据的分布区域和情况，而且还能直观地展示出一批数据的"四分值"、平均值以及离散值，其效果如图3-14所示。

● **瀑布图** 是由麦肯锡顾问公司所独创的图表类型，因为形似瀑布流水而称之为瀑布图（Waterfall Plot），如图3-15所示。此种图表采用绝对值与相对值结合的方式，适用于表达数个特定数值之间的数量变化关系。

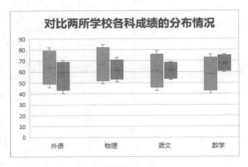

图3-14

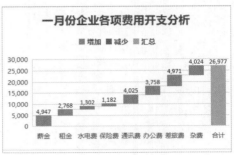

图3-15

3.1.3 图表元素的功能及应用技巧

前面介绍图表结构时已经介绍过一些图表元素，这里介绍一些前面未介绍到的图表元素，如表3-2所示。

表3-2

图表元素	具体介绍
误差线	误差线表示图形上相对于数据系列中每个数据点或数据标记的潜在误差量，其通常在统计数据或科学记数法数据中使用。在Excel图表中可以设置标准误差、百分比和标准偏差
趋势线	趋势线是图表中的一种拓展线，它能够直观地显示数据的一般趋势，通常可用于预测分析，根据实际数据来预测未来数据。在Excel图表中可设置线性、指数、线性预测和移动平均
线条	线条主要包括两种，分别是垂直线和高低点连线，主要针对多个数据系列。垂直线即添加数据系列与横坐标轴的连线，如图3-16所示图1；高低点连线即将同一横坐标值对应的高低点相连，如图3-16所示图2
涨/跌柱线	添加涨/跌柱线可以直观地看到数据的涨跌，如图3-16所示图3
数据表	用来显示横坐标对应的数据表，分为两种，一是显示图例项标示，二是无图例项标示，效果如图3-16的图4所示

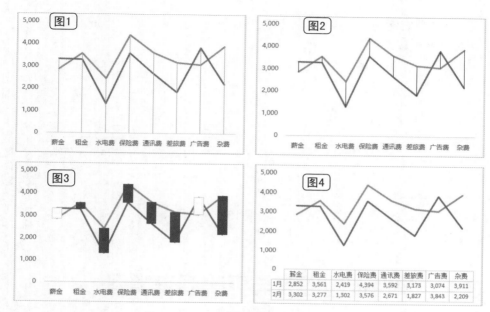

图3-16

有的图表元素在创建图表时自动包含，有的图表元素在图表中并不存在，需要用户手动进行添加。

为图表添加图表元素主要有两种方法，具体介绍如下。

● **通过选项卡命令** 选择需要添加图表元素的图表，单击"图表工具 设计"选项卡"图表布局"组中的"添加图表元素"下拉按钮，在弹出的下拉菜单中选择图表元素即可，如图3-17所示。

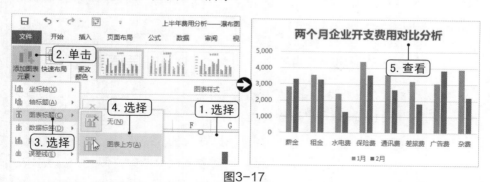

图3-17

● **通过"图表元素"按钮添加** 选择需要添加图表元素的图表，单击其右上角出现的"图表元素"按钮，在打开的面板中选中对应的复选框即可添加，单击对应选项右侧的展开按钮，可以具体设置图表元素在图表中的显示效果，如图3-18所示。

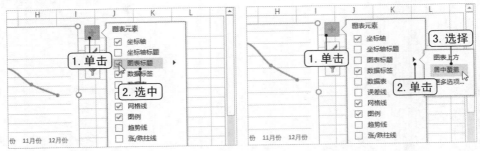

图3-18

3.2 快速创建图表与更改图表类型

前面对图表的基础知识和相关知识进行了介绍，本节将正式开始创建图表展示表格数据，以及介绍更改图表类型的相关操作。

3.2.1 创建图表的常用方法

前面介绍了各种图表类型，用户在创建图表之前，首先应当明确需要创建的图表类型，再进行图表创建。Excel中创建图表的方法有3种，下面分别进行介绍。

1.通过快捷键快速创建

通过快捷键创建图表是非常简单且常用的方法，选择要创建图表的数据源，直接按【F11】键即可快速创建图表，如图3-19所示。

需要注意的是，按【F11】键系统会以默认的图表样式创建一个图表保存在一张新的图表工作表中，而不是在当前的工作表中创建图表。Excel默认创建的图表为簇状柱形图。

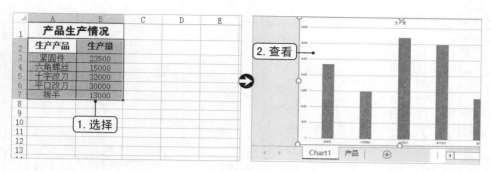

图3-19

如果用户在实际工作中经常需要创建某一种类型的图表，则可以将其设置为默认图表，之后只需要选择数据源，按【F11】键即可创建。

设置默认图表，只需要单击"插入"选项卡"图表"组中的"对话框启动器"按钮，在打开的"插入图表"对话框的"所有图表"选项卡中选择需要设为默认图表的样式，右击并选择"设置为默认图表"命令更改默认图表，如图3-20所示。

图3-20

2.使用功能区创建图表

在"插入"选项卡"图表"组中有许多常用的图表类型，选择对应的图表样式即可快速创建图表。需要注意的是，"图表"组中包含的图表样式有限，只包括了部分图表样式。

选择数据源，单击"插入"选项卡"图表"组中的"插入饼图或圆环图"下拉按钮，在弹出的下拉菜单中选择"三维饼图"命令，即可创建三维饼图，如图3-21所示。

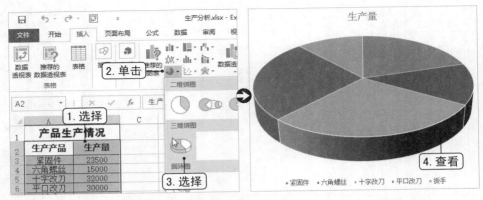

图3-21

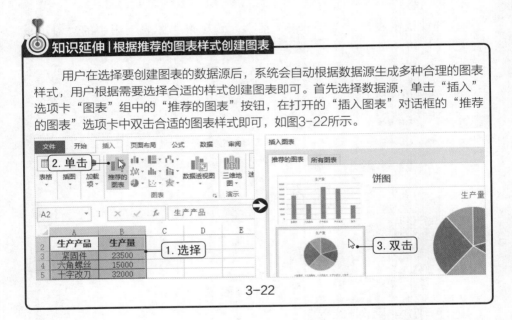

知识延伸 | 根据推荐的图表样式创建图表

　　用户在选择要创建图表的数据源后，系统会自动根据数据源生成多种合理的图表样式，用户根据需要选择合适的样式创建图表即可。首先选择数据源，单击"插入"选项卡"图表"组中的"推荐的图表"按钮，在打开的"插入图表"对话框的"推荐的图表"选项卡中双击合适的图表样式即可，如图3-22所示。

3-22

3.使用图表向导创建图表

　　使用图表向导即在前面介绍的"插入图表"对话框中选择合适的图表样式创建图表。

　　下面在"工艺调整调查结果分析"工作簿中根据工艺调整调查结果使用图表向导创建合适的图表展示数据，以此为例讲解相关操作。

案例精解

使用图表向导创建图表展示调查结果

本节素材	◎/素材/Chapter03/工艺调整调查结果分析.xlsx
本节效果	◎/效果/Chapter03/工艺调整调查结果分析.xlsx

步骤01 打开"工艺调整调查结果分析"素材文件，选择A2:B7单元格区域，在"插入"选项卡"图表"组中单击"对话框启动器"按钮，如图3-23所示。

步骤02 在打开的"插入图表"对话框中单击"所有图表"选项卡，单击"柱形图"选项卡，在右侧双击"三维簇状柱形图"按钮创建图表，如图3-24所示。

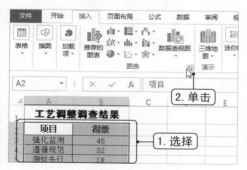

图3-23

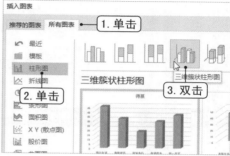

图3-24

步骤03 选择"标题"文本框中的文本，将其删除，重新输入"工艺调整调查结果分析"文本，完成图表标题的修改，如图3-25所示。

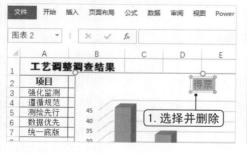

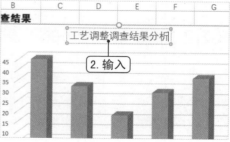

图3-25

步骤04 把鼠标光标移动到图表区，按住鼠标不放将图表拖动到合适的位置。保持图表的选择状态，将鼠标光标移动到图表边缘上的控制点上，按住鼠标左键拖动调整图表大小，如图3-26所示。

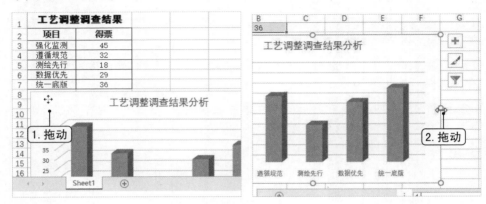

图3-26

 知识延伸 | 调整图表大小补充说明

　　拖动图表上下边的控制点可调整图表高度；拖动图表左右边的控制点可调整图表宽度；拖动图表四角上的控制点可以同时调整宽度和高度（拖动时按住【Shift】键不放，可以等比例调整图表的宽度和高度）。此外，还可以选择一个图表或按住【Ctrl】键选择多个图表，在"图表工具 格式"选项卡"大小"组中设置图表的高度和宽度。

3.2.2　更改整个图表的图表类型

　　更改整个图表的图表类型主要是在创建图表后，需要对现有的图表类型进行修改，从而获得不同的数据分析效果。在Excel中更改图表类型主要通过"更改图表类型"对话框实现。

　　下面在"企业各部门人员结构分析"工作簿中将已经创建好的折线图图表类型更改为三维柱形图，从而更好地展示和分析数据，以此为例讲解相关操作。

案例精解

将折线图更改为三维柱形图分析部门人员结构

本节素材	◎/素材/Chapter03/企业各部门人员结构分析.xlsx
本节效果	◎/效果/Chapter03/企业各部门人员结构分析.xlsx

步骤01 打开"企业各部门人员结构分析"素材文件，选择图表，在"图表工具 设计"选项卡"类型"组中单击"更改图表类型"按钮，如图3-27所示。

步骤02 在打开的"更改图表类型"对话框中单击"所有图表"选项卡中的"柱形图"选项卡，在右侧单击"三维柱形图"按钮，双击下方左侧的图表类型即可更改图表类型，如图3-28所示。

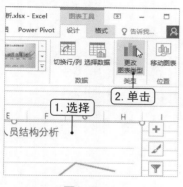

图3-27

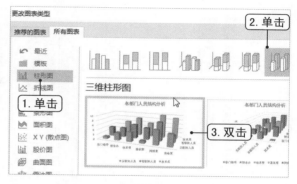

图3-28

步骤03 返回到工作表中即可查看到更改图表类型后的效果，图表以三维立体的效果进行展示，如图3-29所示。

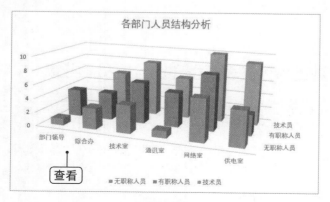

图3-29

3.2.3 更改某个数据系列的图表类型

在使用图表进行数据分析时，有时需要在一个图表中显示多种图表类型，或是当前图表中某一数据系列不适合使用当前图表类型进行分析，需要进行调整。要解决这个问题，就需要了解如何修改图表中部分数据系列的图表类型。

例如，在"员工业绩与目标和过往情况分析"工作簿中已经通过柱形图展示了各个员工的上一年业绩、目标业绩和实际业绩，如图3-30所示。

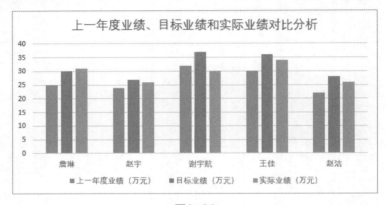

图3-30

由于这种方式不便于查看实际业绩与上一年业绩和目标业绩的差别，现在需要将过往业绩和目标业绩数据系列设置为折线类型，从而更好地展示和分析数据，以此为例讲解相关操作。

案例精解

更改部分数据系列图表类型对比分析员工业绩

本节素材	◎/素材/Chapter03/员工业绩与目标和过往情况分析.xlsx
本节效果	◎/效果/Chapter03/员工业绩与目标和过往情况分析.xlsx

步骤01 打开"员工业绩与目标和过往情况分析"素材文件，选择图表，在"图表工具设计"选项卡"类型"组中单击"更改图表类型"按钮，如图3-31所示。

步骤02 在打开的对话框中单击"组合"选项卡，在右侧单击"上一年度业绩（万元）"系列名称右侧的"图表类型"下拉按钮，选择"折线图"选项，如图3-32所示。

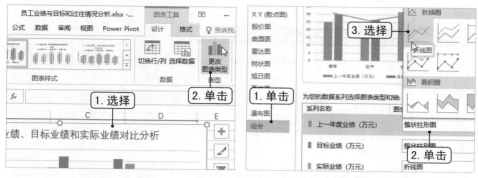

图3-31　　　　　　　　　　　　　　　　　图3-32

步骤03 同样的，设置"目标业绩（万元）"数据系列的图表类型为"折线图"；设置"实际业绩（万元）"数据系列的图表类型为"簇状柱形图"，如图3-33所示。

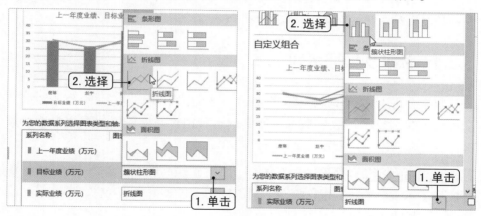

图3-33

步骤04 单击"确定"按钮后，返回到工作表中即可查看到更改某个数据系列的图表类型的最终效果，如图3-34所示。

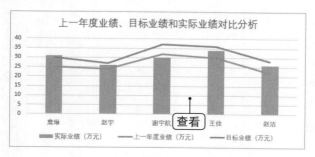

图3-34

知识延伸｜更改部分数据系列图表类型的注意事项

　　在实际操作中，不仅可以在图表创建完成后修改部分数据系列的图表类型，还可以在创建图表时进行设置，即在"插入图表"对话框中设置，其操作与在"更改图表类型"对话框中的操作完全一样。

3.3　如何对图表进行修改

　　通常情况下，默认创建的图表格式都不尽如人意，而需要对其进行修改，从而更好地展示数据。因此，掌握图表修改操作十分重要。

3.3.1　添加新数据系列

　　数据分析工作者有时会遇到需要在去年的图表基础上添加今年的数据，从而快速生成新的图表的情况。要实现这种操作，就需要向图表中添加数据，具体包括以下几种方法。

● 拖动引用区域边界添加 选择图表后，在数据源区域中被图表引用的单元格区域将显示蓝色的边界框，拖动四周的控制点包含更多单元格，即可起到添加数据的目的，如图3-35所示。

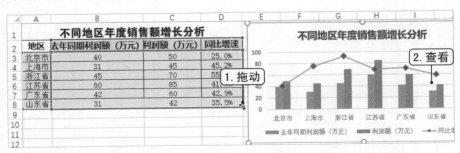

图3-35

● 通过对话框添加 选择图表后，单击"图表工具 设计"选项卡"数据"组中的"选择数据"按钮，在打开的对话框中单击"添加"按钮，在打开的"编辑数据系列"对话框中分别设置系列名称和系列值，依次单击"确定"按钮保存，如图3-36所示。

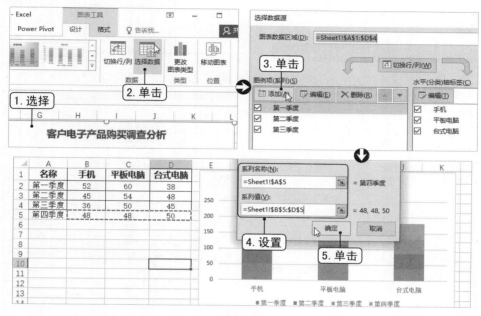

图3-36

● 通过复制粘贴的方法添加 在表格中选择要添加到图表中的数据区域，按【Ctrl+C】组合键复制数据，然后选择图表的绘图区，按【Ctrl+V】组合键即可将所复制的单元格数据添加到图表中。

3.3.2 删除和修改数据系列

前面介绍了添加数据系列的方法，如果图表中的数据系列不合理或是不再需要，则可以对其进行修改或将其删除。

1.删除数据系列

前面介绍的前两种向图表中添加数据系列的方法，同样适用于删除图表数据系列。第一种方法只需要拖动蓝色边界，使其包含更少的单元格区域即可；第二种方法中，只需要在打开的"选择数据源"对话框中选中要删除的数据系列，单击"删除"按钮即可。

此外，也可以在图表中选择要删除的数据系列，直接按【Delete】键，即可删除选择的数据系列。

知识延伸｜选择数据系列的方法

选择数据系列的方法有两种。一种是直接在图表的绘图区单击对应的数据系列图形进行选择；另一种方法是首先选择图表，在"图表工具 格式"选项卡"当前所选内容"组中单击"图表元素"文本框右侧的下拉按钮，在弹出的下拉菜单中选择需要的数据系列即可，如图3-37所示。

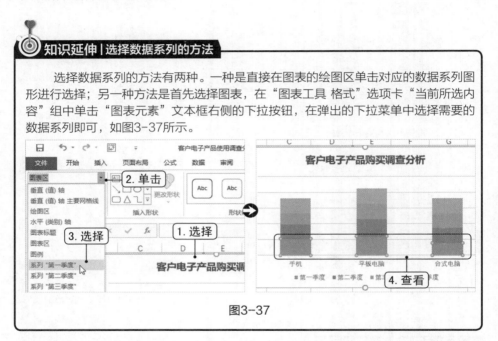

图3-37

2.修改数据系列

在数据分析工作中经常会遇到数据系列值输入错误或是数据系列的值发生了变化，如果重新更改数据源创建图表，就显得十分麻烦，此时就需要了解修改数据源的方法。

在不选择图表的基础上，直接选择绘图区中的数据系列，例如这里直接选择第四季度的数据系列，然后可以在数据表中查看到对应的数据单元格，重新输入数据即可完成数据系列的修改，如图3-38所示。

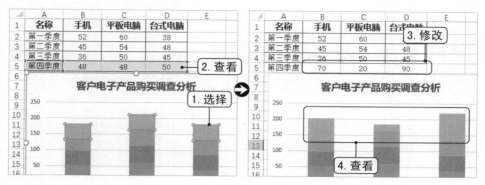

图3-38

3.3.3 在图表中添加次坐标轴

在数据分析过程中，有时需要显示在图表中的数据与其他数据相差较大，导致其中一个数据系列无法正常显示，为了方便查看和分析每一个数据系列的数据，就可以通过添加次坐标轴的方式实现。

例如，在"业绩完成情况走势分析"工作簿中可以看到业绩完成率数据和另外3项数据比起来差别较大，如图3-39所示，如果用同一个坐标轴显示难以查看到效果。

	A	B	C	D	E
1	**2020年各月份业绩统计分析**				
2	**月份**	**实际完成**	**业绩缺口**	**超额业绩**	**业绩完成率**
3	1月	975	0	450	185.7%
4	2月	915	0	154	120.2%
5	3月	560	390	0	58.9%
6	4月	810	45	0	94.7%
7	5月	845	0	170	125.2%
8	6月	720	0	0	100.0%
9	7月	580	612	0	48.7%
10	8月	479	400	0	54.5%
11	9月	684	420	0	62.0%
12	10月	780	0	240	144.4%
13	11月	650	423	0	60.6%
14	12月	340	442	0	43.5%

图3-39

下面在该工作表中将"业绩完成率"数据添加到图表中，用折线图形式在次要坐标轴显示，以此为例讲解相关操作。

添加次坐标轴显示业绩完成率数据

本节素材	◎/素材/Chapter03/业绩完成情况走势分析.xlsx
本节效果	◎/效果/Chapter03/业绩完成情况走势分析.xlsx

步骤01 打开"业绩完成情况走势分析"素材文件，选择图表，拖动数据源右下角的蓝色框，将"业绩完成率"数据添加到图表中，如图3-40所示。

步骤02 选择图表，单击"图表工具 设计"选项卡"类型"组中的"更改图表类型"按钮，如图3-41所示。

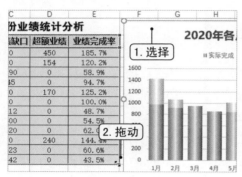

图3-40

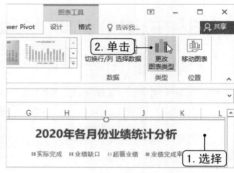

图3-41

步骤03 在打开的对话框中单击"组合"选项卡，仅设置"业绩完成率"的图表类型为折线图，选中"次坐标轴"复选框，单击"确定"按钮，如图3-42所示。

步骤04 返回到工作表中双击图表中的折线，在打开的"设置数据系列格式"窗格中设置折线颜色为"深红色"，设置折线宽度为"2磅"，如图3-43所示。

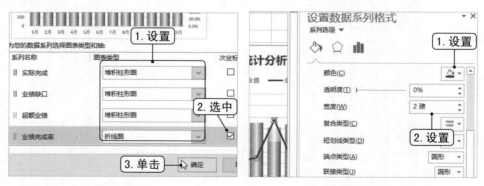

图3-42

图3-43

步骤05 在该窗格底部选中"平滑线"复选框并关闭窗格，即可查看到右侧包含次要坐标轴的图表，如图3-44所示。

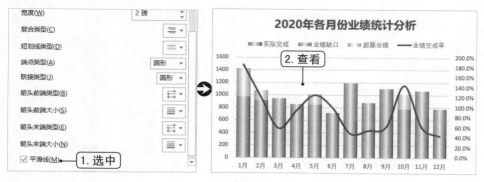

图3-44

知识延伸｜添加次要坐标轴的一般方法

以上案例中介绍的添加次要坐标轴的操作方法较为复杂，因为需要更改部分数据系列的样式，如果在实际操作中不需要更改数据系列的图表类型，则可以直接双击数据系列，在打开的窗格中选中"次坐标轴"单选按钮即可快速将双击的数据系列应用到次坐标轴，如图3-45所示。

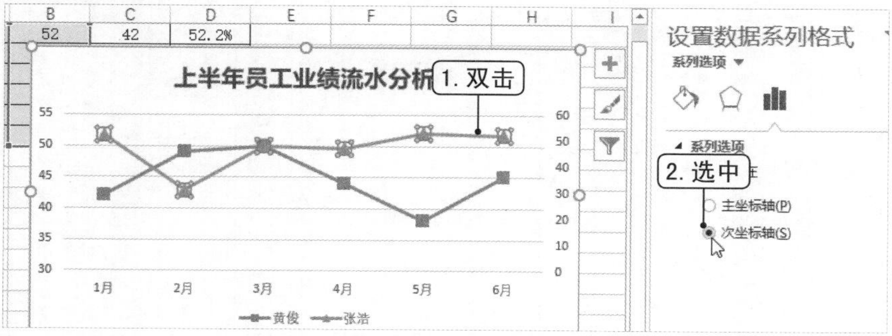

图3-45

3.3.4　坐标轴的刻度不是固定不变的

图表的坐标轴默认情况下是系统根据所有数据系列值的大小自动设置

的，所有数据的起点较大，且都集中在一个较小的范围内，这样不方便查看数据，则需要对坐标轴刻度进行调整。

如图3-46所示，该图表中的所有数据都分布在30~55范围内，而坐标轴却是0~60，所有数据挤在一起，不方便观察。可以调整坐标轴刻度，首先双击坐标轴，在打开的"设置坐标轴格式"窗格中展开"坐标轴选项"栏，分别设置最大值和最小值为"55"和"30"。

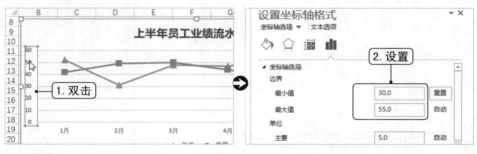

图3-46

调整后的最终效果如图3-47所示。

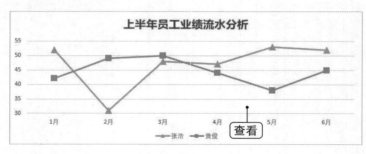

图3-47

3.3.5 数据到底多大？让数据标签告诉你

前面介绍图表元素时介绍过数据标签，简单来说，数据标签就是用来展示数据系列代表的具体值。

要添加数据标签，首先选择图表，单击"图表工具 设计"选项卡"图表布局"组中单击"添加图表元素"下拉按钮，在弹出的下拉菜单中选择"数据标签/居中"命令即可，如图3-48所示。

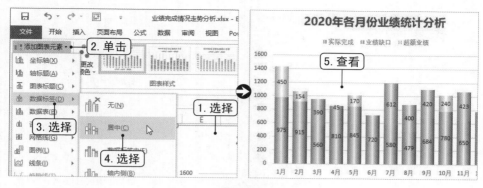

图3-48

3.4 美化图表外观样式

使用图表的目的是直观地向他人展示数据，但是如果图表设置得不够好看，通常难以吸引别人查看。而要使图表变得美观、耐看，就需要对图表的外观样式进行设计和美化。

3.4.1 应用内置样式美化图表

Excel中提供了多种内置图表样式，主要从图表的布局、形状颜色、字体和字号等方面的视觉效果进行组合，如图3-49所示为柱状图的内置图表样式，通过这些样式用户可以快速制作出高水准的图表效果。

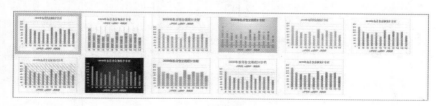

图3-49

为图表应用内置样式的操作比较简单，首先选择图表，然后在"图表工具 设计"选项卡"图表样式"组中选择需要的样式即可，如图3-50所示。

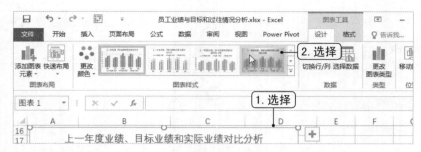

图3-50

如图3-51所示，左图为未套用内置样式的图表效果，右图为套用"样式4"内置样式的效果。

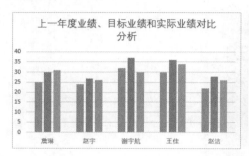

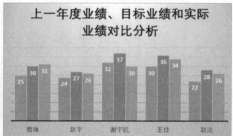

图3-51

3.4.2 自定义图表外观样式

Excel中不仅可以套用内置图表样式，还可以手动设置图表样式。相较于套用图表样式，手动设置图表样式更能设计出符合个人需要的图表样式，主要在"图表工具 格式"选项卡中进行设置，如图3-52所示。

图3-52

下面以为图表设置填充效果为例，介绍自定义图表外观样式。

对图表形状效果进行设置主要有5种情况，分别是纯色填充、渐变填充、图片填充、纹理填充和图案填充，无论操作对象是什么，操作方法都基本相同。

首先选择形状对象，单击"图表工具 格式"选项卡"形状样式"组中的"形状填充"下拉按钮，在弹出的下拉菜单中即可进行相应的填充设置，如图3-53左图所示。

此外，也可以双击形状，或选择形状后右击，在弹出的快捷菜单中选择其设置格式的命令，或直接按【Ctrl+1】组合键，打开对应的格式设置任务窗格，如图3-53右图所示为双击数据系列打开的"设置数据系列格式"窗格，在其中的"填充与线条"选项卡中即可对形状的填充效果进行设置。

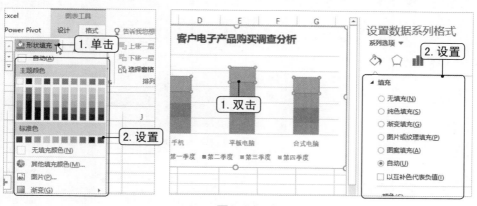

图3-53

3.4.3　改变图表的布局效果

除了通过更改图表样式来美化图表外，还可以通过修改图表的布局效果使图表变得与众不同。图表的布局是指图表中显示了哪些图表元素，以及各图表元素显示在图表的什么位置。默认情况下的图表布局较为单一，只适合一些简单的图表，对于复杂的图表则需要进行布局。

前面已经介绍过手动添加图表元素的相关操作，方便用户手动设置。此外，Excel对每种图表还内置了多种图表布局样式，方便用户快速调整图表的结构。

套用内置布局的操作比较简单，首先选择需要布局的图表，单击"图表工具 设计"选项卡"图表布局"组中的"快速布局"下拉按钮，在弹出的下拉列表中即可看到该图表类型对应的布局样式，选择满意的布局样式即可快速为图表布局，如图3-54所示。

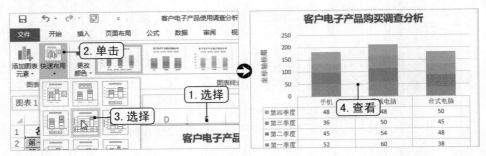

图3-54

第 ④ 章

提升效率，必知必会的图表编辑技巧

通过图表进行数据分析只掌握图表的相关基础知识是不够的，还要掌握一定的图表编辑技巧，才能够做好图表分析工作，提升工作效率。这也是正式深入学习各种图表的使用前需要重点掌握的，希望读者引起重视。

● **用好图表，要懂得一定的技巧**

- 应用趋势线展示数据变化趋势
- 始终突出显示最值的数据系列
- 格式化数据系列

● **处理图表中的断裂情况**

- 柱形图的断裂处理
- 折线图的断裂处理

● **特殊图表中的其他高级技巧**

- 制作断了层的柱形图
- 制作条形图对比分析图
- 让折线的线段颜色各不相同
- 让饼图的扇区从大到小依次排列
- 汇总展示多个表图表数据

4.1 用好图表，要懂得一定的技巧

Excel中的图表功能十分强大，用好图表能够帮助用户简化工作，但是需要掌握一定的使用技巧。

4.1.1 应用趋势线展示数据变化趋势

用户在实际数据分析工作中可能会遇到根据一段时间的数据来预测未来一段时间的走势，也可能需要分析一段时间数据的走势，这时就可以通过趋势线来进行预测。

需要注意，趋势线虽然仅仅是表示趋势的线条，但线条有直线也有曲线之分，且弯曲的程度也各不相同，Excel中的趋势线有6种不同的类型，如表4-1所示。

表4-1

类型	具体介绍
线性趋势线	用于简单线性数据集的最佳拟合直线
指数趋势线	用于表示数据变化越来越快，是一种斜度越来越大的曲线
对数趋势线	用于表示数据的增加或减小速度刚开始很快，随即又迅速趋于平稳
幂数趋势线	用于表示以一个相对恒定的速率变化的数据
多项式趋势线	用于表示数据之间存在较大偏差的数据，其阶数可由曲线的拐点数来预估，一般数据越复杂，阶数越高
移动平均趋势线	用于取邻近数据的平均值，将平均值作为趋势线中的一个点，然后取下一组邻近数据的平均值，以此类推，以平均值作为趋势线的点

下面在"企业下半年产品成本预测"工作簿中根据已经给出的上半年成本数据，预测下半年成本变化情况。

由于成本通常趋于稳定，因此这里使用对数趋势线进行预测，并将预测结果在图表上展示出来，以此为例讲解相关操作。

案例精解

通过趋势线预测企业产品成本走势

本节素材	◎/素材/Chapter04/企业下半年产品成本预测.xlsx
本节效果	◎/效果/Chapter04/企业下半年产品成本预测.xlsx

步骤01 打开"企业下半年产品成本预测"素材文件，选择图表，在"图表工具 设计"选项卡"图表布局"组中单击"添加图表元素"下拉按钮，选择"趋势线/其他趋势线选项"命令，如图4-1所示。

步骤02 在打开的"设置趋势线格式"窗格中选中"对数"单选按钮，选中"显示公式"复选框，如图4-2所示。

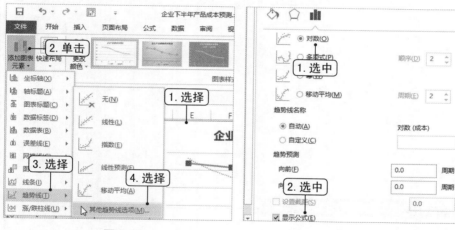

图4-1   图4-2

步骤03 在工作表中即可查看到已经添加的趋势线，并且显示出了趋势线对应的公式。选择数据源表格中的B8单元格，在编辑栏中根据趋势线公式输入"=ROUND(-7.512*ln(A8)+53.404,0)"公式，按【Enter】键确认，如图4-3所示。

步骤04 拖动B8单元格右下角的控制柄，填充数据到B13单元格，然后将下半年的数据添加到图表中，如图4-4所示。

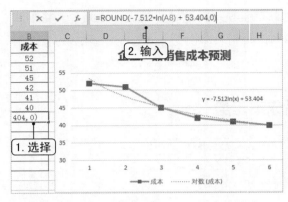

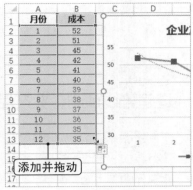

图4-3   图4-4

步骤05 设置趋势线的颜色为红色，即可在图表中查看到预测出的下半年各月份的成本数据和走势情况，如图4-5所示。

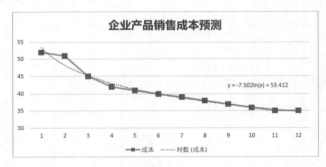

图4-5

知识延伸 | ROUND()函数说明

　　ROUND()函数的作用是按指定的位数对数值进行四舍五入，其语法结构为：ROUND(number,decimals)，其中，number是要舍入的数；decimals是指定的保留小数的位数。注意，当decimals的值为负数时，针对小数点前的数进行四舍五入，被舍掉的数据用0占位。

4.1.2　始终突出显示最值的数据系列

　　对于需要用图表展示的大量数据，确定其最大值和最小值比较困难，而且当图表数据增多或减少的时候，其最值会发生变化，不方便进行数据分析与展示。

下面在"企业报刊订阅人数分析"工作簿中制作一个可以显示最高值和最低值的折线图，并且图表中的最低值和最高值能够根据数据源的变化自动更新，以此为例介绍相关操作。

案例精解

始终自动突出显示订阅人数的最大值和最小值

本节素材	◎/素材/Chapter04/企业报刊订阅人数分析.xlsx
本节效果	◎/效果/Chapter04/企业报刊订阅人数分析.xlsx

步骤01 打开"企业报刊订阅人数分析"素材文件，选择C3:C14单元格区域，在编辑栏中输入公式"=IF(B3=MAX($B$3:$B$14),B3,NA())"，如图4-6所示。按【Ctrl+Enter】组合键获取最大订阅人数。

步骤02 选择D3:D14单元格区域，在编辑栏中输入公式"=IF(B3=MIN($B$3:$B$14),B3,NA())"，如图4-7所示。按【Ctrl+Enter】组合键，获取最小订阅人数。

图4-6

图4-7

步骤03 选择A2:D14单元格区域，单击"插入"选项卡"图表"组中的"插入折线图或面积图"下拉按钮，在弹出的下拉菜单中选择"带数据标记的折线图"选项即可创建折线图，如图4-8所示。

步骤04 双击图表中的最大值数据系列，在打开的窗格中单击"填充与线条"选项卡，在该界面中单击"标记"按钮，展开"数据标记选项"栏，选中"内置"单选按钮，单击"类型"下拉列表框，选择"正方形"选项，设置大小为8，如图4-9所示。用同样的方法设置最小值的类型为三角形。

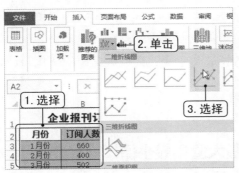

图4-8

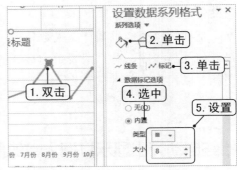

图4-9

步骤05 双击选择最大值的数据标签，单击"图表元素"按钮，单击"数据标签"选项右侧的展开按钮，选择"左"选项，如图4-10所示。用同样的方法设置最小值的数据标签。

步骤06 选择折线图数据系列，在窗格中单击"填充与线条"按钮，选中"平滑线"复选框，最后设置图表标题完成整个操作，如图4-11所示。

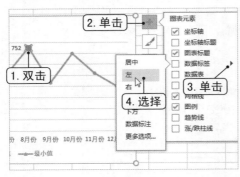

图4-10

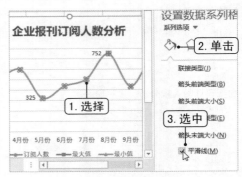

图4-11

知识延伸 | MAX()、MIN()和NA()函数说明

　　MAX()函数用于返回一组值中的最大值，其语法结构为：MAX(number1, [number2], ...)，其中，number1, number2, ……，number1 是必需的，后续数字是可选的。number参数的个数为 1 到 255 个数字。

　　MIN()函数用于返回一组值中的最小值，其语法结构为：MIN(number1, [number2], ...)，其参数的作用与MAX()函数相似。

　　NA()函数用于返回错误值 #N/A。错误值 #N/A 表示"无法得到有效值"。

4.1.3 格式化数据系列

对于折线图而言，由于其是用折线展示数据的波动变化，对于数据系列的格式化只能通过设置折线图的线条样式来实现。对于用形状展示数据大小或占比的图表，如柱形图、条形图、饼图、圆环图、面积图等，可以通过设置填充效果来格式化数据系列。在Excel中，程序支持对图表中的数据系列进行纯色填充、渐变填充、图片填充、纹理填充以及图案填充等。

下面在"业绩完成情况分析"工作簿中为堆积柱形图数据系列添加图案填充，以此为例介绍相关操作。

案例精解
为业绩统计分析堆积柱形图的数据系列添加图案填充

本节素材	◎/素材/Chapter04/业绩完成情况分析.xlsx
本节效果	◎/效果/Chapter04/业绩完成情况分析.xlsx

步骤01 打开"业绩完成情况分析"素材文件，选择图表，单击"图表工具 格式"选项卡"当前所选内容"组中的"图表区"下拉列表框，选择"系列'实际完成'"选项，如图4-12所示。

步骤02 按【Ctrl+1】组合键打开"设置数据系列格式"窗格，单击"填充与线条"按钮，选中"图案填充"单选按钮，选择"宽下对角线"图案，如图4-13所示。

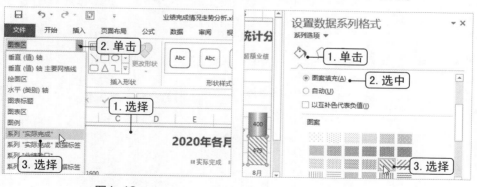

图4-12   图4-13

步骤03 在下方分别设置前景色为"橙色，个性色2"，设置背景色为"橙色，个性色

2，淡色80%"，展开"边框"栏，选中"无线条"单选按钮，如图4-14所示。

步骤04 单击"效果"按钮，展开"柔化边缘"栏，在"大小"数值框中输入"2磅"，如图4-15所示。

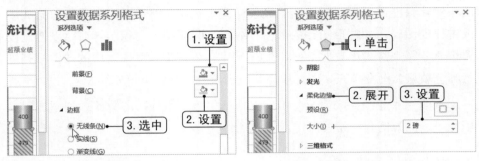

图4-14　　　　　　　　　　　　　　图4-15

步骤05 用同样的方法设置"业绩缺口"数据系列和"超额业绩"数据系列，唯独在设置前、背景时选择不同颜色，如图4-16所示。

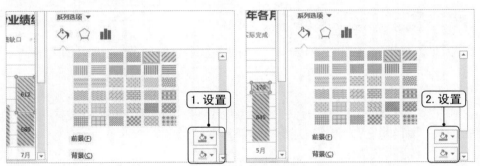

图4-16

步骤06 关闭窗格，在返回的工作表中即可查看到最终的设置效果，如图4-17所示。

图4-17

4.2 处理图表中的断裂情况

图表断裂虽然不影响查看数据分析结果，但是会破坏数据的连贯性，使图表的呈现效果大大受损。本节主要解决柱形图和折线图中出现的图表断裂的问题。

4.2.1 柱形图的断裂处理

柱形图的断裂主要是指图表中的数据系列发生断裂，这种情况通常是在横坐标轴为连续日期数据时发生。即便数据源中的日期数据不是连续的，创建图表后系统会自动填补上空缺的日期，这样就会形成断裂，影响数据连续性，如图4-18所示。

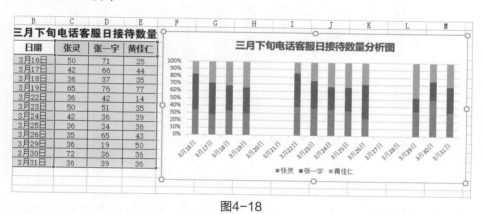

图4-18

在图4-18中，数据源没有包含2021年3月20日、3月21日和3月27日、3月28日这两个周末，然而在创建图表时，系统却自动添加了这几个日期，导致了柱形图断裂。

产生这种问题的原因是系统默认将时间处理为连续的，要解决这个问题，可以改变其格式。首先双击图表的横坐标轴，在打开的"设置坐标轴格式"窗格中单击"坐标轴选项"选项卡，展开"坐标轴选项"栏，选中"文本坐标轴"单选按钮即可，如图4-19所示。

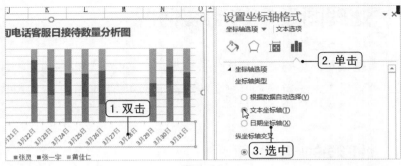

图4-19

设置完成后即可查看到柱形图的断裂问题已经解决，如图4-20所示。

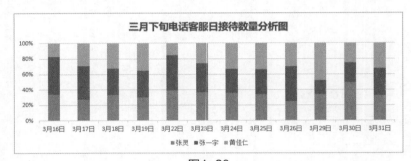

图4-20

4.2.2 折线图的断裂处理

图表对应的数据源中如果存在空白数据，创建的折线图就会出现断裂。对于断裂的折线图，可以通过3种不同的方法进行处理，包括使用空距处理、使用零值处理和使用直线连接处理。

● **使用空距处理断裂的折线图** 空距处理断裂的折线图是Excel默认的处理方式，其中的空白数据点没有图形绘制。

● **使用零值处理断裂的折线图** 使用零值处理断裂的折线图可以将断裂前后的数据连接起来，其中空白的数据在图表中以零值显示。

● **使用直线连接处理断裂的折线图** 用直线处理断裂的折线图就是在数据系列上直接忽略空值（坐标轴会连续显示），断裂前后的数据用直线连接起来，这样就显示为一个完整折线图。

以上3种方法的操作基本相同，都是通过"隐藏和空单元格设置"对话框进行设置。

在"个股走势分析"工作簿中已经根据某股票一段时间的开盘价和收盘价创建了折线图，但是股票交易只有工作日开盘，法定节日和周末没有交易数据，从而导致折线图出现断裂。现在以直线连接处理的方法来处理断裂折线图，以此为例介绍相关操作。

案例精解

通过直线连接处理断裂的个股走势分析折线图

本节素材	◎/素材/Chapter04/个股走势分析.xlsx
本节效果	◎/效果/Chapter04/个股走势分析.xlsx

步骤01 打开"个股走势分析"素材文件，选择图表，在其上右击，在弹出的快捷菜单中选择"选择数据"命令，如图4-21所示。

步骤02 在打开的"选择数据源"对话框中直接单击"隐藏的单元格和空单元格"按钮，如图4-22所示。

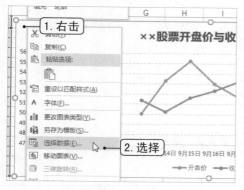

图4-21

图4-22

步骤03 在打开的"隐藏和空单元格设置"对话框的"空单元格显示为"栏中选中"用直线连接数据点"单选按钮，依次单击"确定"按钮完成设置，如图4-23所示。

步骤04 双击图表中连接断裂处的直线，在打开的窗格中单击"填充与线条"选项卡，单击"短划线类型"下拉按钮，选择"划线-点"选项，如图4-24所示。用同样的方法将其他断裂处的直线设置为"划线-点"样式。

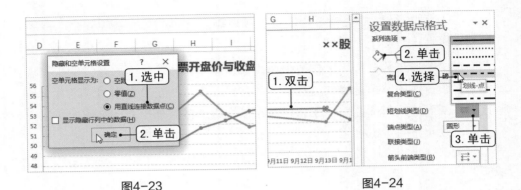

图4-23　　　　　　　　　　　　　　　　　图4-24

步骤05 完成设置后即可查看到图表的最终效果，如图4-25所示。

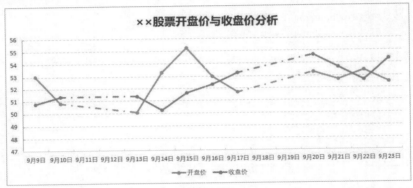

图4-25

4.3　特殊图表中的其他高级技巧

除了前面介绍的图表制作相关技巧，在Excel中对于一些特殊图表，还有一些高级技巧需要数据分析工作者掌握，提升自己处理特殊问题的能力，制作出满意的图表。

4.3.1　制作断了层的柱形图

在实际数据分析工作中，有时创建的柱形图中会有一个数据系列特别大，这就导致柱形图中其他数据系列较小，不便于查看，这时就可以制作断了层的柱形图进行展示。

如图4-26所示，"家电月销量统计"工作簿中5月份的风扇销量是其他月份的几倍，因此创建的柱形图会导致其他月份数据系列被压缩。

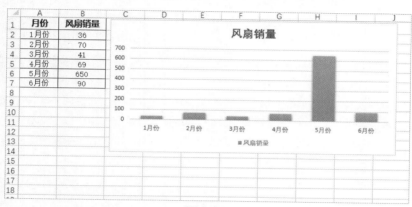

图4-26

下面在"家电月销量统计"工作簿中制作断了层的柱形图，让该图表中的数据能够正常显示，提升图表的展示效果，以此为例介绍相关操作。

案例精解

在销售分析柱形图中制作断层效果

本节素材	⊙/素材/Chapter04/家电月销量统计.xlsx
本节效果	⊙/效果/Chapter04/家电月销量统计.xlsx

步骤01 打开"家电月销量统计"素材文件，将5月份销量数据改为"100"，根据数据源创建柱形图，并套用"样式15"图表样式，如图4-27所示。

步骤02 双击图表的纵坐标轴，在打开的"设置坐标轴格式"窗格中单击"坐标轴选项"按钮，展开"坐标轴选项"栏，在"最大值"文本框中输入"100"，如图4-28所示。

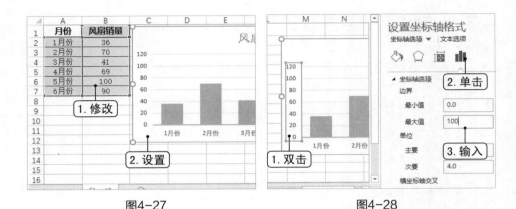

图4-27　　　　　　　　　　　　　　　　　　　　图4-28

步骤03 删除图表的标题，拖动绘图区的上边线上的控制点，将绘图区缩小，如图4-29所示。

步骤04 复制图表的数据源，粘贴到D1:E7单元格区域，删除所有数据，然后将5月份风扇销量数据设置为650，然后选择该数据区域，单击"插入"选项卡"图表"组中的"插入柱形图或条形图"下拉按钮，选择"簇状柱形图"选项，创建图表，如图4-30所示，再为该图表套用"样式15"图表样式。

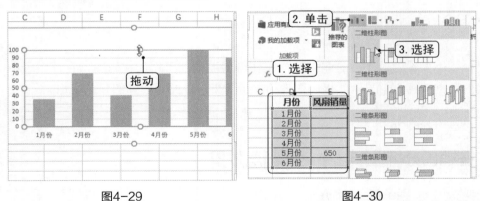

图4-29　　　　　　　　　　　　　　　　　　　　图4-30

步骤05 双击该图表的纵坐标轴，在打开的"设置坐标轴格式"窗格中单击"坐标轴选项"按钮，展开"坐标轴选项"栏，在"最大值"文本框中输入"650"，在"最小值"文本框中输入"600"，如图4-31所示。

步骤06 删除后创建图表的横坐标轴，然后将两个图表拼合在一起，并在两个图表的5月份数据系列之间绘制一段曲线，表示数据断裂，如图4-32所示。

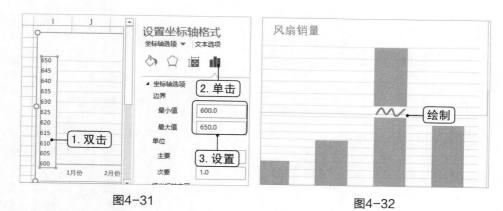

图4-31　　　　　　　　　　　　　图4-32

步骤07　调整图表大小，为两个图表添加对应的数据标签，并设置合适的图表标题，其最终效果如图4-33所示。

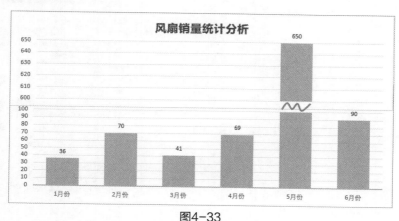

图4-33

4.3.2　制作条形图对比分析图

通常情况下，对比一项工作的完成情况与目标值之间的差距都是通过柱形图或条形图生成两个数据系列进行对比，虽然可以实现，但是效果并不直观，这里介绍一种新的方法进行展示分析。

下面在"企业服装销售完成率与目标值比较"工作簿中通过条形图展示服装销售进度与目标之间的差距，以此为例介绍相关操作。

对比服装销售情况与目标情况

本节素材	◎/素材/Chapter04/企业服装销售完成率与目标值比较.xlsx
本节效果	◎/效果/Chapter04/企业服装销售完成率与目标值比较.xlsx

步骤01 打开"企业服装销售完成率与目标值比较"素材文件，选择工作表中的数据源，单击"插入"选项卡"图表"组中的"对话框启动器"按钮，如图4-34所示。

步骤02 在打开的对话框中单击"所有图表"选项卡，在"组合"选项卡中设置"目标"和"2020年完成率"数据系列对应图表类型为"簇状条形图"，选中"目标"数据系列对应的"次坐标轴"复选框，单击"确定"按钮，如图4-35所示。

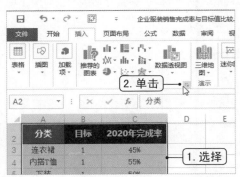

图4-34

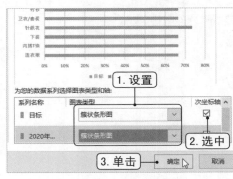

图4-35

步骤03 分别双击上下两个横坐标轴，在打开的窗格中将坐标轴的最大值都设置为"1"，如图4-36所示。

步骤04 双击数据系列，在打开的窗格中单击"填充与线条"按钮，展开"填充"栏，选中"无填充"单选按钮，如图4-37所示。

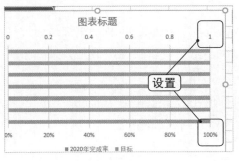

图4-36

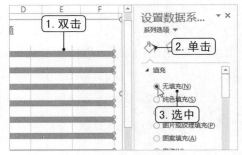

图4-37

步骤05 展开下方的"边框"栏，选中"实线"单选按钮，设置宽度为"1磅"，如图4-38所示。

步骤06 选择图表，单击"图表工具 格式"选项卡"当前所选内容"组中的"图表元素"下拉按钮，选择"系列'2020年完成率'"选项，如图4-39所示。

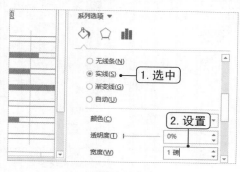

图4-38

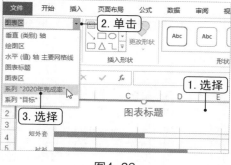

图4-39

步骤07 单击"图表工具 设计"选项卡"图表布局"组中的"添加图表元素"下拉按钮，选择"数据标签/数据标签外"命令，如图4-40所示。

步骤08 为图表添加图表标题并设置字体格式，然后为图表区设置简洁的填充效果，其最终效果如图4-41所示。

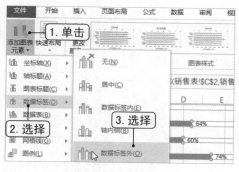

图4-40

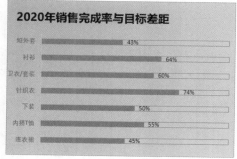

图4-41

4.3.3　让折线的线段颜色各不相同

通常情况下，折线图中的一条折线的颜色都是相同的，但是用户可以对折线的某一部分颜色进行修改，从而突出某一部分数据，此外还可以设置每一段的颜色都不相同，或者设置渐变线。

1.设置各段颜色都不同的折线

要设置各段颜色都不同的折线，首先需要单独选择对应的数据点，这样就能单独设置数据点左侧一段折线的颜色。

下面在"上半年员工业绩统计"工作簿中通过选择数据点的方式设置各段颜色不同的折线图，以此为例介绍相关操作。

案例精解

设置各段颜色不同的员工业绩表

本节素材	◉/素材/Chapter04/上半年员工业绩统计.xlsx
本节效果	◉/效果/Chapter04/上半年员工业绩统计.xlsx

步骤01 打开"上半年员工业绩统计"素材文件，选择图表，双击图表中的"2月销售额"对应的数据点，只选择该数据点，在"设置数据点格式"窗格中单击"填充与线条"按钮，单击"颜色"下拉按钮，选择"绿色"选项，如图4-42所示。

步骤02 单击"3月销售额"对应的数据点仅选择该点，在"设置数据点格式"窗格中单击"填充与线条"按钮，单击"颜色"下拉按钮，选择"红色，个性色2"选项，如图4-43所示。

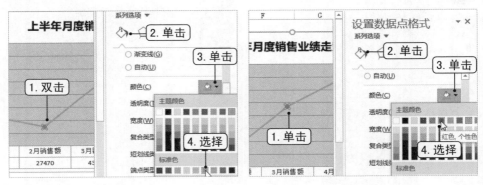

图4-42　　　　　　　　　　　　　　　图4-43

步骤03 用同样的方法，分别选择后面其他的点，分别设置为"黄色""深红""紫色"，完成后即可查看最终效果，如图4-44所示。

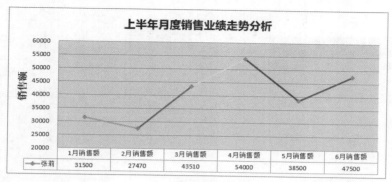

图4-44

2.设置渐变折线图

渐变折线图就是折线的颜色不是均匀分布的，而是按照一定的颜色进行渐变的，折线效果比较美观。

设置折线渐变的操作与Excel中设置其他对象的渐变效果的操作基本相同，因此掌握了折线渐变效果的设置方法，即可处理其他类似问题。

下面在"上半年员工业绩统计2"工作簿中，以前一个案例为基础，添加另一个员工"王均"上半年的销售数据到折线图中，并将该员工的折线设置渐变效果，以此为例介绍相关操作。

案例精解

设置各段颜色渐变的员工业绩表

本节素材	◎/素材/Chapter04/上半年员工业绩统计2.xlsx
本节效果	◎/效果/Chapter04/上半年员工业绩统计2.xlsx

步骤01 打开"上半年员工业绩统计2"素材文件，选择图表，将数据源中"王均"对应的销售数据添加到图表中，如图4-45所示。

步骤02 双击新添加的折线，在"设置数据系列格式"窗格中单击"填充与线条"按钮，选中"渐变线"单选按钮，单击"预设渐变"下拉按钮，选择"顶部聚光灯，个性色3"选项，如图4-46所示。

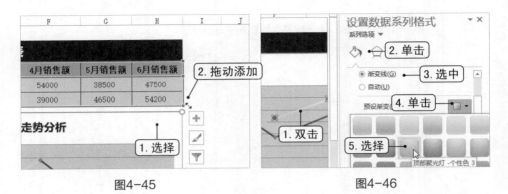

| 图4-45 | 图4-46 |

> **步骤03** 单击"添加渐变光圈"按钮添加一个停止点，并将该停止点的位置设置为66%，如图4-47所示。

> **步骤04** 选择"停止点2"滑块，单击"颜色"下拉按钮，选择"橙色，个性色6，深色25%"选项，如图4-48所示。用相同的方法为停止点3和停止点4设置相应的颜色。

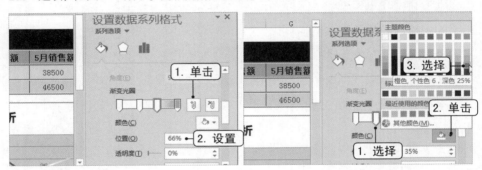

| 图4-47 | 图4-48 |

> **步骤05** 完成设置后即可查看最终效果，如图4-49所示。

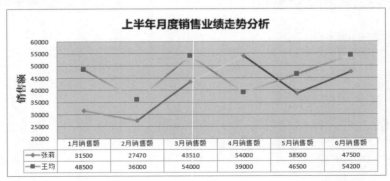

图4-49

4.3.4　让饼图的扇区从大到小依次排列

默认情况下创建的饼图，各个扇区的排列顺序都是按照数据源的顺序进行排列，这样显得十分杂乱，不方便查看各项数据的具体大小。可以通过排序的方式将饼图的各个扇区按照从大到小的顺序进行排序。

下面在"企业各项费用支出分析"工作簿中将饼图的各个扇区按照从大到小的顺序进行排列，以此为例介绍相关操作。

案例精解

从大到小排列饼图的各个扇区

本节素材	◎/素材/Chapter04/企业各项费用支出分析.xlsx
本节效果	◎/效果/Chapter04/企业各项费用支出分析.xlsx

步骤01 打开"企业各项费用支出分析"素材文件，选择数据源中的B2:B5单元格区域，右击，在弹出的快捷菜单中选择"排序"命令，在其子菜单中选择"降序"命令，如图4-50所示。

步骤02 在打开的"排序提醒"对话框中选中"给出排序依据"栏中的"扩展选定区域"单选按钮，单击"排序"按钮，如图4-51所示。

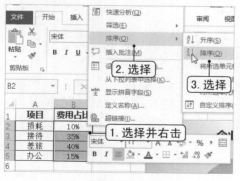

图4-50

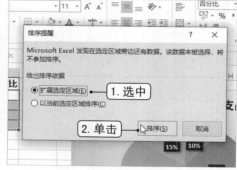

图4-51

步骤03 完成设置后，即可查看到图表中的数据系列已经按照顺时针方向，从大到小排序，如图4-52所示。

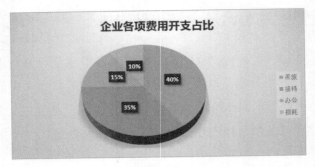

图4-52

4.3.5 汇总展示多个表图表数据

通常情况下，分析展示数据时面对多个表结构相似的数据源，都会分别创建图表进行对比分析，这样能够使数据展示得更清晰，然而却不利于数据之间的比较。

例如，在"各分店接待客户走势分析"工作簿中，分别记录了4个分店各季度接待客户的数量，分别创建图表如图4-53所示。

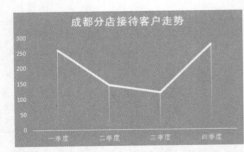
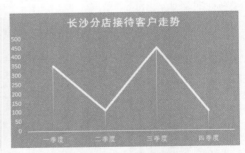
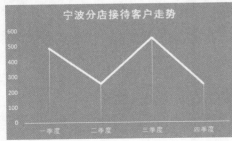
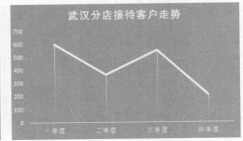

图4-53

这样分别创建图表不利于分析各个分店之间数据的变化情况，下面在"各分店接待客户走势分析"工作簿中，将4个分店的销售数据在同一个图表中进行展示分析，以此为例介绍相关操作。

【案例精解】

汇总比较分析各分店接待客户数

本节素材	◎/素材/Chapter04/各分店接待客户走势分析.xlsx
本节效果	◎/效果/Chapter04/各分店接待客户走势分析.xlsx

步骤01 打开"各分店接待客户走势分析"素材文件，选择数据源中的C2:E20单元格区域，单击"插入"选项卡"图表"组中的"插入折线图或面积图"下拉按钮，选择"带数据标记的折线图"选项，如图4-54所示。

步骤02 双击图表的纵坐标轴，在打开的"设置坐标轴格式"窗格中单击"坐标轴选项"按钮，分别在"最小值"文本框中输入"100"，在"最大值"文本框中输入"600"，如图4-55所示。

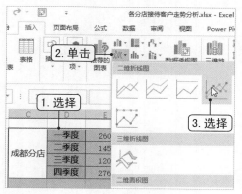

图4-54

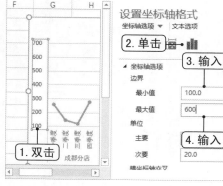

图4-55

步骤03 双击图表的横坐标轴，在打开的"设置坐标轴格式"窗格中单击"大小与属性"按钮，在展开的"对齐方式"栏中单击"文字方向"下拉列表框，选择"竖排"选项，如图4-56所示。

步骤04 分别为不同的城市分店对应的数据系列点设置不同的形状，为不同城市对应的线段设置不同的颜色，如图4-57所示。

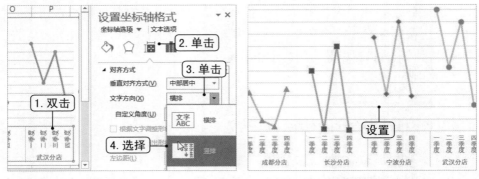

图4-56   图4-57

步骤05 完成设置后，为图表设置图表标题并应用合适的图表样式，即可查看最终的效果，如图4-58所示。

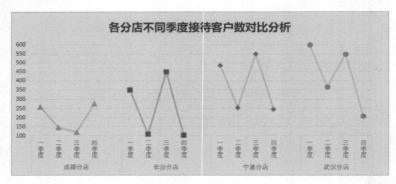

图4-58

第 5 章

灵活展示，动态图表的3种制作方式

　　动态图表在实际的数据分析工作中是十分常见的，动态图表相较于普通图表显得更为专业，能够对分析数据进行动态展示，避免重复制作相似的图表，提高效率。本章主要介绍3种制作动态图表的方法，分别是通过常规方法、控件和数据透视功能制作动态图表。

● 常规方法制作动态图表

- 利用数据验证实现图表切换
- 定义名称更新图表数据
- 用CELL()函数实现图表动态展示

● 使用控件制作动态图

- 认识表单控件和ActiveX控件
- 在工作表中插入控件
- 用组合框控制图表数据的显示
- 用复选框控制图表数据的显示

● 使用透视功能制作动态图表

- 认识数据透视表
- 了解数据透视表的创建方法
- 通过字段筛选进行动态分析
- 使用切片器筛选数据

5.1 常规方法制作动态图表

动态图表就是通过一定的方法，使用户能够通过简单的参数更改来实现图表数据的变化，因此被称为交互式动态图表。能够实现图表动态化的方法较多，这里首先介绍常规的动态图表制作方法。

5.1.1 利用数据验证实现图表切换

利用数据验证制作动态图表是比较简单的一种方法，能够实现简单的动态图表制作。

利用数据验证实现图表切换，还需要结合VLOOKUP()函数，创建动态数据源，再根据该数据源创建动态图表，即可实现。

下面在"企业员工各月销售额分析"工作簿中通过数据验证功能制作一个动态图表，实现图表随数据源变化而变化，一次只显示一个员工的数据，以此为例介绍相关操作。

案例精解

通过数据有效性动态查看员工销售数据

本节素材	◎/素材/Chapter05/企业员工各月销售额分析.xlsx
本节效果	◎/效果/Chapter05/企业员工各月销售额分析.xlsx

步骤01 打开"企业员工各月销售额分析"素材文件，选择B3:H4单元格区域，按【Ctrl+C】组合键复制选择区域，在B11单元格上单击鼠标右键，在弹出的快捷菜单中选择"粘贴"命令，如图5-1所示。

步骤02 删除B12:H12单元格区域的数据，选择B12单元格区域，单击"数据"选项卡"数据工具"组中的"数据验证"按钮，如图5-2所示。

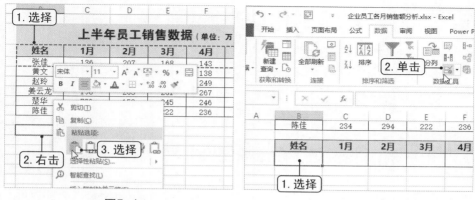

图5-1　　　　　　　　　　　　　　图5-2

步骤03 在打开的"数据验证"对话框中单击"设置"选项卡，单击"允许"下拉列表框，选择"序列"选项，如图5-3所示。

步骤04 在该界面中选中"忽略空值"复选框和"提供下拉箭头"复选框，然后单击"来源"参数框右侧的折叠按钮，如图5-4所示。

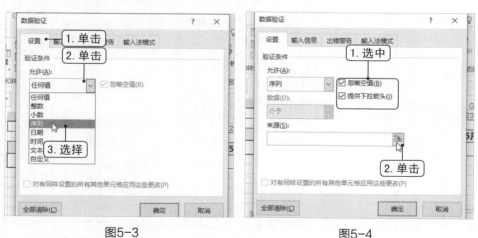

图5-3　　　　　　　　　　　　　　图5-4

步骤05 在对话框折叠界面直接在工作表中选择所有的姓名单元格，即B4:B9单元格区域，单击折叠对话框右侧的展开按钮，如图5-5所示，将"数据验证"对话框恢复到初始大小。

步骤06 在"数据验证"对话框中单击"出错警告"选项卡，将文本插入点定位到"错误信息"文本框中并输入"请勿输入，单击下拉按钮选择即可。"文本，如图5-6所示，然后单击"确定"按钮即可。

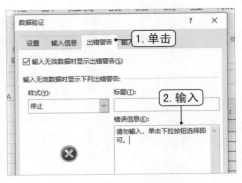

图5-5

图5-6

📎 **步骤07** 返回到工作表中单击B12单元格右侧的下拉按钮，选择任意员工姓名，然后选择C12单元格，在编辑栏中输入"=VLOOKUP($B$12,$B$4:$H$9,COLUMN(B12),0)"计算公式，按【Ctrl+Enter】组合键确认，如图5-7所示。

📎 **步骤08** 完成计算后选择C12单元格，拖动单元格右下角的控制柄，将公式填充到H12单元格，如图5-8所示。

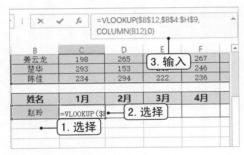

图5-7

上半年员工销售数据 （单位：万）

1月	2月	3月	4月	5月	6月
136	207	168	143	145	276
234	200	193	138	136	168
261	176	239	249	184	248
198	265	261	267	36	263
293	153	245	246	195	275
234	294	222	236	239	212
1月	2月	3月	4月	5月	6月
261					

图5-8

🎯 知识延伸 | VLOOKUP()函数和COLUMN()函数说明

　　VLOOKUP()函数是Excel中的一个纵向查找函数，在工作中都有广泛应用，例如可以用来核对数据，多个表格之间快速导入数据等函数功能。该函数的语法为：VLOOKUP(lookup_value,table_array,col_index_num,range_lookup)，其中，lookup_value为需要在数据表第一列中进行查找的数值；table_array为需要在其中查找数据的数据表；col_index_num为table_array中查找数据的数据列序号；range_lookup为逻辑值，指明查找时是精确匹配，还是近似匹配。

　　COLUMN()函数用于返回给定函数的列单元格引用，其语法结构为：COLUMN([reference])，reference可以是单元格、单元格区域或单元格引用。

步骤09 选择B11:H12单元格区域，单击"插入"选项卡"图表"组中的"插入折线图或面积图"下拉按钮，在弹出的下拉菜单中选择"折线图"选项即可创建折线图，如图5-9所示。

步骤10 双击图表中左侧的纵坐标轴，在打开的"设置坐标轴格式"窗格中单击"坐标轴选项"按钮，展开"坐标轴选项"栏，在"最小值"文本框中输入"100"，系统会自动匹配最大值，如图5-10所示。

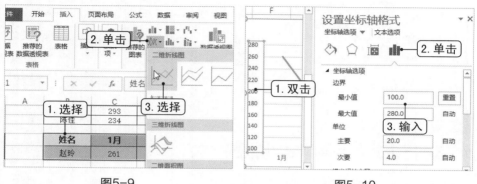

图5-9　　　　　　　　　　　　　　　图5-10

步骤11 为图表套用"样式2"图表样式，完成后单击B12单元格右侧的下拉按钮，在弹出的下拉列表中选择其他员工，图表中的数据则会自动变化，如图5-11所示。

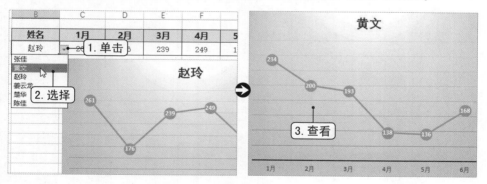

图5-11

5.1.2 定义名称更新图表数据

通常情况下图表创建完成后，如果需要添加数据，则需要通过前面介绍的添加方法，手动将数据添加到图表中，十分不方便。本节介绍通过定义名称的方式，实现动态添加数据到图表中。

利用定义名称的方式，通过OFFSET()函数将数据源定义为具体的名称，从而创建动态数据源，然后让图表引用该动态数据源，最终实现图表的动态化效果。

定义名称主要有以下两点好处。

①把一个区域定义为名称，引用这个区域时，可直接使用名称。

②把一个公式定义为名称，重复使用这个公式时，可直接使用名称。

下面在"动态分析各月利润占比情况"工作簿中通过定义名称功能，将月份和利润额数据分别定义，然后图表引用该名称实现动态化效果，以此为例介绍相关操作。

案例精解

动态分析企业各月利润占比情况

本节素材	◎/素材/Chapter05/动态分析各月利润占比情况.xlsx
本节效果	◎/效果/Chapter05/动态分析各月利润占比情况.xlsx

步骤01 打开"动态分析各月利润占比情况"素材文件，单击"公式"选项卡"定义的名称"组中的"定义名称"按钮，如图5-12所示。

步骤02 在打开的"新建名称"对话框中的"名称"文本框中输入"月份"文本，在"引用位置"文本框中输入"=OFFSET(Sheet1!$A$1,0,1,1,12)"公式，单击"确定"按钮，如图5-13所示。

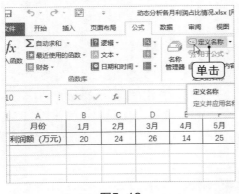

图5-12

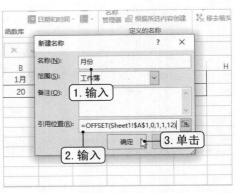

图5-13

步骤03 用同样的方法，在打开的"新建名称"对话框中的"名称"文本框中输入"利润额"文本，在"引用位置"文本框中输入"=OFFSET(Sheet1!$A$2,0,1,1,12)"公式，单击"确定"按钮，如图5-14所示。

步骤04 选择A1:G2单元格区域，单击"插入"选项卡"图表"组中的"插入饼图或圆环图"下拉按钮，选择"饼图"选项，创建饼图，如图5-15所示。

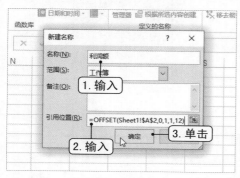

图5-14

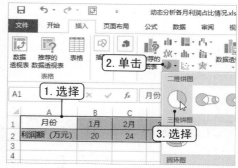

图5-15

步骤05 选择图表的数据系列，在编辑栏中将"$B$1:$G$1"更改为"月份"，将"$B$2:$G$2"更改为"利润额"，按【Ctrl+Enter】组合键确认，如图5-16所示。

步骤06 选择图表，单击"图表工具 设计"选项卡"图表布局"组中的"添加图表元素"下拉按钮，在弹出的下拉菜单中选择"数据标签/数据标签内"命令，添加数据标签，如图5-17所示。

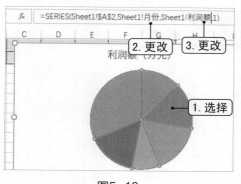

图5-16

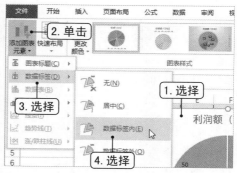

图5-17

步骤07 为图表套用合适的图表样式，重新设置图表标题。完成后，在数据源右侧继续输入其他月份的数据，系统自动将该数据添加到图表中，这里添加"7月""30"到数据源，即可查看最终效果，如图5-18所示。

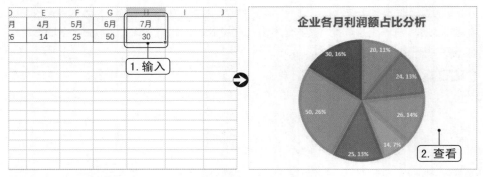

图5-18

 知识延伸 | OFFSET()函数说明

　　OFFSET()函数的功能为以指定的引用为参照系，通过给定偏移量得到新的引用。其语法结构为：OFFSET(reference,rows,cols,height,width)，其中，Reference 作为偏移量参照的引用区域；rows用于指定相对于偏移量参照系上（下）偏移的行数；cols用于指定相对于偏移量参照系左（右）偏移的列数；height用于指定要返回的引用区域的行数；width用于指定要返回的引用区域的列数。

　　本例中的公式"=OFFSET(Sheet1!$A$1,0,1,1,12)"，就是以"Sheet1!$A$1"为参照点，上（下）不偏移，向右偏移一列，返回1行12列数据，即B2:M2单元格区域。本例另一个公式与此相似，不再重复分析。

5.1.3　用CELL()函数实现图表动态展示

　　数据分析过程中，有时需要分析多个对象在连续时间内的走势情况，由于数据彼此相差不大，因此创建的折线图中的数据系列往往挤在一起，不利于进行走势查看。

　　要解决这个问题就可以使用CELL()函数，获取鼠标选择的单元格所在行的数据，并设置工作表自动刷新，再以此数据创建图表即可实现图表随选择的单元格变化而相应发生变化。

　　CELL()函数用于返回某一引用区域的左上角单元格的格式、位置或内容等信息。其语法结构为：CELL(info_type,reference)，其中，info_type为一个文本值，用于指定所需要的单元格信息的类型；reference表示要获取其有关信息的单元格。如果忽略，则在info_type中所指定的信息将返回给最后更改的单元格。

　　下面在"动态分析大宗商品上半年交易量"工作簿中通过CELL()函数实现图表的动态展示，动态分析大宗商品上半年交易量走势，以此为例介绍相关操作。

案例精解

动态分析大宗商品上半年交易量走势

本节素材	◎/素材/Chapter05/动态分析大宗商品上半年交易量.xlsx
本节效果	◎/效果/Chapter05/动态分析大宗商品上半年交易量.xlsx

步骤01 打开"动态分析大宗商品上半年交易量"素材文件，选择A10:G10单元格区域，在编辑栏输入"=INDEX(A:A,CELL("row"))"公式，按【Ctrl+Enter】组合键计算，如图5-19所示。

步骤02 在打开的提示对话框中直接单击"确定"按钮，如图5-20所示。

图5-19

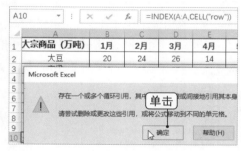

图5-20

知识延伸 | INDEX()函数说明

　　在Excel中，如果需要在给定的某个数据范围中返回某个单元格的数据，则使用数组型的INDEX()函数，其语法结构为：INDEX(array,row_num,column_num)。其中，array用于指定数据所在范围，可以是单元格区域，也可以是数组；row_num用于指定在给定数据范围中数据所在的行号；colum_num用于指定在给定范围中数据所在的列标索引编号。

　　本例中的公式，首先用CELL("row")来获取所选单元格的行号，然后用INDEX()函数返回该单元格的值。

步骤03 将鼠标光标移动到当前工作表的工作表标签上，单击鼠标右键，在弹出的快捷菜单中选择"查看代码"命令，如图5-21所示。

步骤04 在打开的"动态分析大宗商品上半年交易量.xlsx-Sheet1（代码）"窗口中分行输入代码"Private Sub Worksheet_SelectionChange(ByVal Target As Range)""Calculate""End Sub"，然后关闭该代码窗口，如图5-22所示。

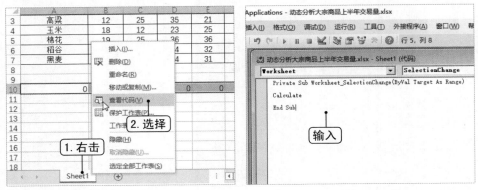

图5-21   图5-22

步骤05 在数据源中选择任意单元格，即可在A10:G10单元格中显示选择单元格所在行的数据，然后选择A10:G10单元格区域，单击"插入"选项卡"图表"组中的"插入折线图或面积图"下拉按钮，选择"带数据标记的折线图"选项创建图表，如图5-23所示。

步骤06 选择图表，在图表区单击鼠标右键，在弹出的快捷菜单中选择"选择数据"命令，如图5-24所示。

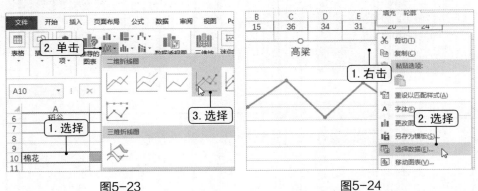

图5-23   图5-24

步骤07 在打开的对话框中直接单击"水平（分类）轴标签"栏中的"编辑"按钮，如图5-25所示。

步骤08 在打开的"轴标签"对话框中直接单击"轴标签区域"参数框右侧的折叠按

钮，在工作表中选择B1:G1单元格区域，再单击展开按钮，依次单击"确定"按钮即可完成设置，如图5-26所示。

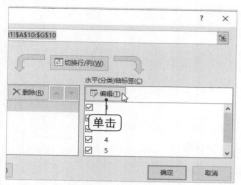

图5-25

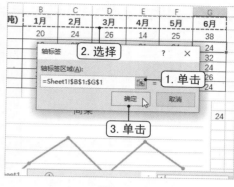

图5-26

🔲 **步骤09**　为图表套用相应的图表样式，并设置图表标题。然后选择数据源中任意单元格，图表将展示该行大宗产品各月的交易量数据，例如这里选择A4单元格，最终效果如图5-27所示。

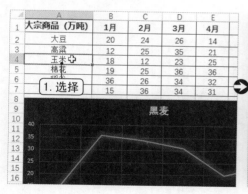

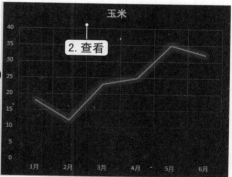

图5-27

🎯 **知识延伸 | 强制设置工作表自动刷新说明**

　　需要注意的是，公式函数是无法自动刷新的，在本例中，当A10:G10单元格区域输入公式计算完成后，是不会随选择的单元格的改变而使CELL()函数再重新获取行号参与计算，因此需要对此工作表进行刷新。步骤04中是通过宏的方式设置工作表强制自动刷新，这样就能实现动态获取数据。因此，在保存该工作簿时，应当保存为"Excel启用宏的工作簿（*.xlsx）"类型文件，才能将宏保存下来。

5.2 使用控件制作动态图

在Excel中制作动态图表不仅可以使用前面的数据验证功能和公式函数，还可以使用Excel中提供的更加高级的控件功能快速制作精美的动态图表，下面具体介绍相关知识。

5.2.1 认识表单控件和ActiveX控件

Excel中用于制作动态图表的控件主要有表单控件和ActiveX控件，然而控件并不在Excel提供的8个基础选项卡中，而是在"开发工具"选项卡中，因此需要用户进行手动添加，下面具体介绍操作。

打开任意工作簿，单击"文件"选项卡，在打开的界面中单击"选项"按钮，如图5-28所示。

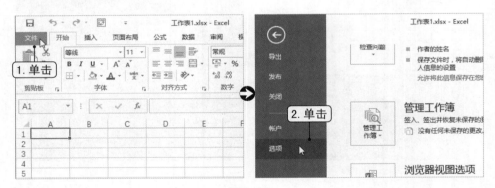

图5-28

在打开的"Excel选项"对话框中单击"自定义功能区"选项卡，在右侧列表框中选中"开发工具"复选框，如图5-29所示，单击"确定"按钮即可添加对应的选项卡。

图5-29

返回到工作表中，单击"开发工具"选项卡，单击"控件"组中的"插入"下拉按钮，在弹出的下拉列表中即可查看到Excel中提供的表单控件和ActiveX控件，如图5-30所示。

图5-30

下面来介绍Excel提供的表单控件和ActiveX控件的具体功能，如表5-1所示。

表5-1

分类	控件名	具体功能
表单控件	按钮□	用于运行在用户单击它时执行相应操作的宏
	组合框▤	该控件的作用相当于Windows环境中的下拉列表框，当单击该控件右侧的下拉按钮时，将弹出一个下拉列表，在其中可以选择设置的选项
	复选框☑	用于启用或禁用指示一个相反且明确的选项的值。可以选中工作表或分组框中的多个复选框
	数值调节按钮⊞	用于增大或减小值，例如某个数字增量、时间或日期

分类	控件名	具体功能
表单控件	列表框	显示可从中进行选择的、含有一个或多个文本项的列表。使用列表框可显示大量在编号或内容上不同的选项
	选项按钮	用于从一组有限的互斥选项中选择一个选项
	分组框	用于将功能相同的控件模块放在一起，从而使整个用户界面更加清晰
	标签	用于标识单元格或文本框的用途，或显示说明性文本
	滚动条	单击滚动箭头或拖动滚动框可以滚动浏览一系列值
Active X控件	命令按钮	用于运行在用户单击它时执行相应操作的宏
	组合框	结合文本框使用列表框可以创建下拉列表框
	复选框	用于启用或禁用指示一个相反且明确的选项的值
	列表框	用于显示用户可从中进行选择的、含有一个或多个文本项的列表
	文本框	使用户能够在矩形框中查看、键入或编辑绑定到单元格的文本或数据
	滚动条	单击滚动箭头或拖动滚动框可以滚动浏览一系列值
	数值调节按钮	用于增大或减小值，例如某个数字增量、时间或日期
	选项按钮	用于从一组有限的互斥选项（通常包含在分组框或结构中）中选择一个选项
	标签	用于标识单元格或文本框的用途，显示说明性文本（如标题、题注、图片）或提供简要说明
	图像	该控件是一个透明的区域，主要用于显示图片，该控件能支持的图片格式包括.jpeg、.bmp、.gif、.ico等
	切换按钮	用于指示一种状态（如是/否）或一种模式（如打开/关闭）。单击该按钮时会在启用和禁用状态之间交替
	其他控件	用于插入本地电脑中提供的其他的ActiveX控件，单击该控件，系统将打开"其他控件"对话框，在其中可以选择需要的ActiveX控件

下面具体来看两种控件的用途。

● 表单控件 在早期版本中也称为窗体控件，英文Form Controls，只能在工作表中添加和使用，通过设置控件格式或者指定宏来使用它。

● ActiveX控件 ActiveX控件不仅可以在工作表中使用，还可以在用户窗体中使用，并且具备了众多的属性和事件，提供了更多的使用方式。

两种控件大部分功能是相同的，比如都可以指定宏，主要区别就是表单控件可以和单元格关联，操作控件可以修改单元格的值，所以用于工作表；而ActiveX控件虽然属性强大，可控性强，但不能和单元格关联，所以用于表单Form。

5.2.2 在工作表中插入控件

了解了Excel中的控件以后，数据分析工作者要想用好控件，首先需要学会如何插入一个控件。

插入控件的操作比较简单，首先单击"开发工具"选项卡"控件"组中的"插入"下拉按钮，在弹出的下拉菜单中选择需要的控件，这里选择"滚动条（窗体控件）"控件，当鼠标光标变为十字形时，在工作表中按住鼠标左键拖动绘制即可，如图5-31所示。

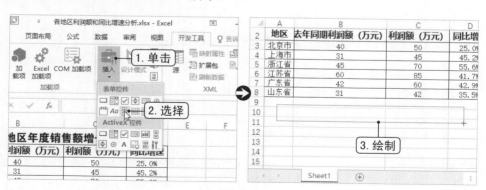

图5-31

绘制完成后释放鼠标左键即可查看到已经绘制好的滚动条控件，如图5-32所示。

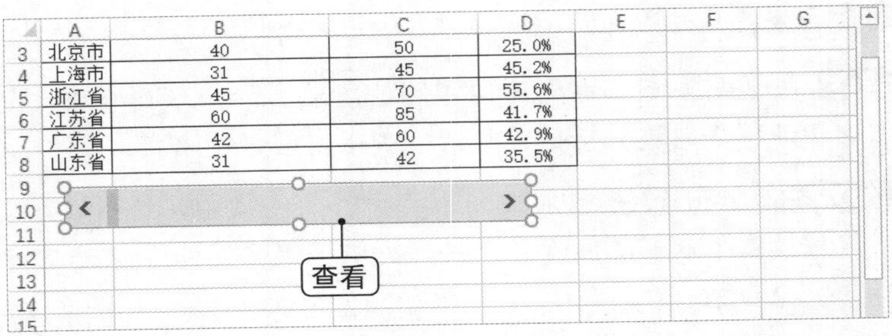

图5-32

5.2.3 用组合框控制图表数据的显示

　　前面已经介绍过组合框的作用，在实际数据分析过程中，通过组合框控制图表数据的显示是较为常见的。其实，并不能单独通过控件实现图表的动态展示，通常还需要结合函数公式或是定义名称的方式，这些方法在前面已经都介绍过了，这里就不再做过多讲解。

　　下面在"各城市分店收到投诉次数"工作簿中通过插入组合框控件，并结合INDEX()函数获取数据，从而实现动态展示图表数据，以此为例介绍相关操作。

案例精解
通过组合框控件实现的动态分析投诉数据

本节素材	◎/素材/Chapter05/各城市分店收到投诉次数.xlsx
本节效果	◎/效果/Chapter05/各城市分店收到投诉次数.xlsx

步骤01　打开"各城市分店收到投诉次数"素材文件，选择A2:G3单元格区域，按【Ctrl+C】组合键复制，将其粘贴到I2单元格，如图5-33所示。

步骤02　选择复制的I2:O3单元格区域，单击"插入"选项卡"图表"组中的"插入饼图或圆环图"下拉按钮，在弹出的下拉菜单中选择"三维饼图"选项，根据数据源插入图表，如图5-34所示。

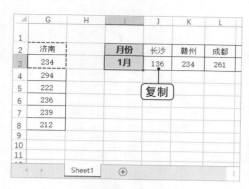

图5-33

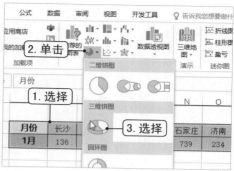

图5-34

步骤03 选择图表，为其套用合适的图表样式，并对图表进行合理布局，然后设置图表标题，如图5-35所示。

步骤04 单击"开发工具"选项卡"控件"组中的"插入"下拉按钮，在弹出的下拉菜单中选择"组合框（窗体控件）"控件，如图5-36所示。

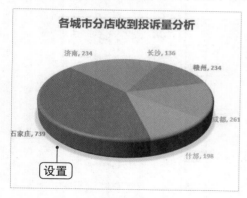

图5-35

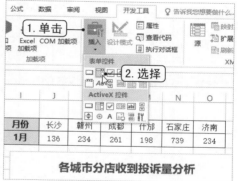

图5-36

步骤05 当鼠标光标变为十字形时，按住鼠标左键在图表的右下角位置绘制控件，完成后在控件上单击鼠标右键，在弹出的快捷菜单中选择"设置控件格式"命令，如图5-37所示。

步骤06 在打开的"设置对象格式"对话框中单击"控制"选项卡，分别单击"数据源区域"和"单元格链接"参数框右侧的折叠按钮，在工作表中分别选择A3:A8单元格区域和I1单元格，然后在"下拉显示项数"文本框中输入"4"，如图5-38所示，单击"确定"按钮。

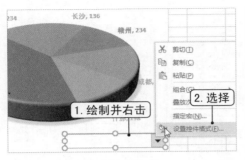

图5-37

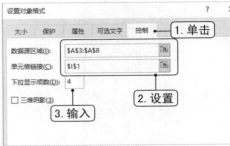

图5-38

步骤07 返回工作表选择I3单元格，在编辑栏中输入"=INDEX(A$3:$G$8,$I$1,)"公式，按【Ctrl+Shift+Enter】组合键，完成输入，如图5-39所示。

步骤08 拖动I3单元格的填充柄填充到O3单元格，单击"自动填充选项"下拉按钮，选择"不带格式填充"选项，如图5-40所示。

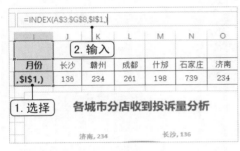

图5-39

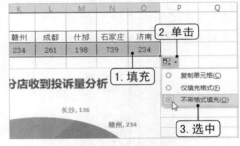

图5-40

步骤09 按住【Shift】键，选择图表和控件，单击"绘图工具 格式"选项卡"排列"组中的"组合"下拉按钮，选择"组合"选项，然后通过该控件选择任意月份，图表会显示该月份的数据，如图5-41所示。

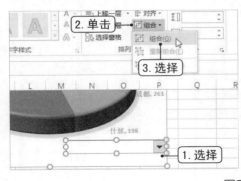

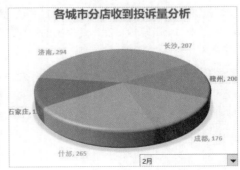

图5-41

知识延伸 | 本例公式说明

　　INDEX()函数的语法结构在前面有过具体介绍这里不再重复。本案例中的公式"=INDEX(A$3:$G$8,$I$1,)"是指从A3:G8数据源的第I1行返回数据，本例中I1是在不断发生变化的，因此获取的值也会发生变化。

5.2.4　用复选框控制图表数据的显示

　　除了通过组合框动态展示图表数据外，复选框也是常用来动态展示数据的控件。通过复选框控件，可以实现在图表中显示选中复选框的对应数据，而未选中的数据则隐藏，并且可以根据选择的内容及时更新图表，从而实现动态效果。

　　下面在"各地区分公司费用统计"工作簿中通过插入复选框控件，实现对图表中数据系列的显示和隐藏进行实时控制，从而使图表动态化，以此为例介绍相关操作。

案例精解

通过复选框控件实现动态分析各地区的费用支出

本节素材	◎/素材/Chapter05/各地区分公司费用统计.xlsx
本节效果	◎/效果/Chapter05/各地区分公司费用统计.xlsx

步骤01 打开"各地区分公司费用统计"素材文件，单击"开发工具"选项卡"控件"组中的"插入"下拉按钮，在弹出的下拉菜单中选择"复选框（窗体控件）"控件，如图5-42所示。

步骤02 当鼠标光标变为十字形时，按住鼠标左键在工作表中绘制一个复选框控件，完成后释放鼠标并在控件上单击鼠标右键，在弹出的快捷菜单中选择"设置控件格式"命令，如图5-43所示。

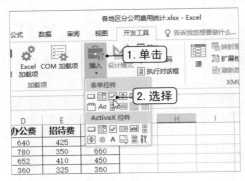
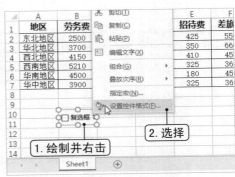

图5-42　　　　　　　　　　　　　图5-43

步骤03 在打开的"设置对象格式"对话框中单击"控制"选项卡，单击"单元格链接"参数框右侧的折叠按钮，在工作表中选择B9单元格，如图5-44所示，依次单击"确定"按钮。

步骤04 返回工作表中复制4个复选框控件，依次修改其单元格链接地址为C9、D9、E9、F9单元格，然后选中或取消选中复选框即可查看对应的返回数据，如图5-45所示。

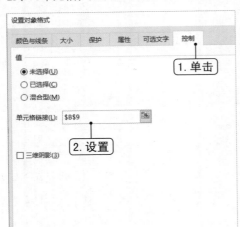

图5-44　　　　　　　　　　　　　图5-45

步骤05 选中所有复选框，选择B12单元格，在编辑栏中输入"=IF(B$9=TRUE,B2,"")"公式，按【Ctrl+Enter】组合键确认，如图5-46所示。

步骤06 完成计算后，拖动B12单元格右下角的填充柄，向下填充到B17单元格，然后拖动B17单元格右下角的填充柄，向右填充到F17单元格，从而完成数据引用，如图5-47所示。

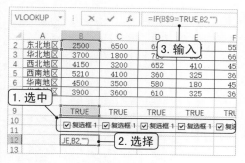

图5-46

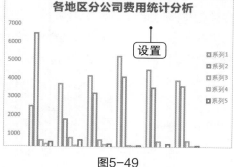

图5-47

📎 **步骤07** 选择上一步中获取的数据，单击"插入"选项卡"图表"组中的"插入柱形图或条形图"下拉按钮，选择"簇状柱形图"选项创建图表，如图5-48所示。

📎 **步骤08** 对图表套用相应的布局样式和图表样式，并设置图表标题，如图5-49所示。

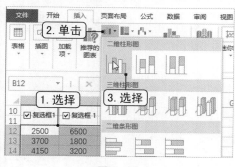

图5-48

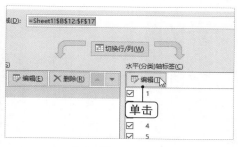

图5-49

📎 **步骤09** 在图表的图表区右击，选择"选择数据"命令，如图5-50所示。

📎 **步骤10** 在打开的"选择数据源"对话框中单击"水平（分类）轴标签"栏中的"编辑"按钮，如图5-51所示。

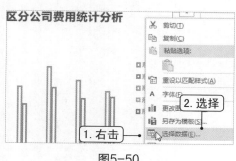

图5-50

图5-51

📎 **步骤11** 在打开的"轴标签"参数框中设置轴标签区域为A2:A7单元格区域，依次单击

"确定"按钮，如图5-52所示。

步骤12 将复选框名称分别设置为对应列数据的名称，按住【Ctrl】键选择所有控件，单击"绘图工具 格式"选项卡"排列"组中的"上移一层"下拉按钮，选择"置于顶层"选项，如图5-53所示。

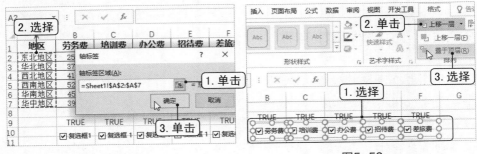

图5-52　　　　　　　　　　　图5-53

步骤13 双击图例，在打开的"设置图例格式"窗格中单击"文本选项"选项卡，在"文本填充"栏选中"无填充"单选按钮，如图5-54所示。

步骤14 将控件移动到图表对应位置，选择图表和所有控件，单击"绘图工具 格式"选项卡"排列"组中的"组合"下拉按钮，选择"组合"命令，如图5-55所示。

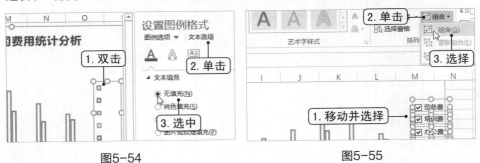

图5-54　　　　　　　　　　　图5-55

步骤15 完成后即可通过复选框，选择需要显示的费用项目，如图5-56所示。

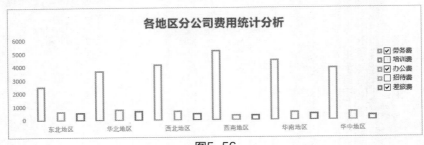

图5-56

5.3　使用透视功能制作动态图表

数据透视表是一种交互式的动态报表，通过数据透视功能则可以轻松制作动态图表，提升数据分析效率。

5.3.1　认识数据透视表

数据透视表是一种可以快速汇总大量数据，建立交叉列表的交互式表格，可以快速实现数据查询、分析、汇总、计算、排序筛选、图表分析以及报表打印等数据处理操作。

数据透视表从结构上来看，可以分为4个部分，分别是行区域、列区域、筛选区域和值区域，如图5-57所示。

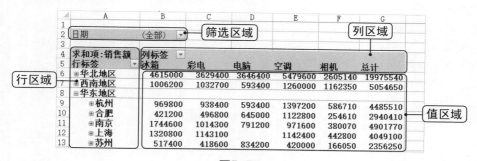

图5-57

数据透视表的4个区域都有各自的作用，如表5-2所示。

表5-2

组成部分	具体介绍
行区域	位于数据透视表的左侧，该区域中的字段将作为数据透视表的行标签。每个字段中的每一项显示在区域的每一行中，通常用于放置一些可用于进行分组或分类的内容

组成部分	具体介绍
列区域	位于数据透视表的顶部，由数据透视表各列顶端的标题组成。每个字段中的每一项显示在列区域中的每一列中，通常用于放置一些可以随时间变化的内容
筛选区域	位于数据透视表的最上方，由一个或多个下拉列表组成，通过选择下拉列表中的选项，可以一次性对整个数据透视表中的数据进行筛选，通常用于放置一些重点分析的内容
值区域	该区域中的数据是对数据透视表中行字段和列字段数据的计算和汇总，一般值区域的数据都是可以运算的

要对数据透视表进行布局，通常在"数据透视表字段"窗格中进行，如图5-58所示为数据透视表布局界面，窗格中的字段区域与数据透视表中的区域相对应。

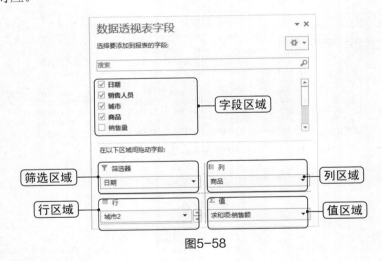

图5-58

5.3.2 了解数据透视表的创建方法

了解了数据透视表的基础知识以后，还需要知道如何创建数据透视表，其方法比较简单，具体如下所示。

选择数据源中的任意数据单元格，单击"插入"选项卡"表格"组中的"数据透视表"按钮，在打开的对话框中选中"新工作表"单选按钮，单击"确定"按钮即可创建，如图5-59所示。

图5-59

在打开的新工作表中的"数据透视表字段"窗格中分别将"部门"字段拖动到行区域；将"学历"字段拖动到列区域；将"姓名"字段拖动到值区域，即可查看到各部门各种学历的人数，如图5-60所示。

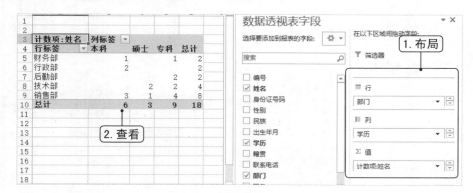

图5-60

5.3.3　通过字段筛选进行动态分析

数据透视表和数据透视图相较于普通的图表，其最大的特点是可以通过字段筛选功能动态分析报表数据，从而更加简便地分析和展示数据，避免通过公式进行复杂计算。

下面以在"企业员工基本档案表"工作簿中，根据已经创建的数据透视表创建数据透视图，再通过字段筛选功能动态展示图表为例介绍相关操作。

案例精解

通过字段筛选动态分析部门学历情况

本节素材	◎/素材/Chapter05/企业员工基本档案表.xlsx
本节效果	◎/效果/Chapter05/企业员工基本档案表.xlsx

步骤01 打开"企业员工基本档案表"素材文件，在数据透视表所在工作表中选择B4单元格，在编辑栏中输入"本科学历人数"文本，按【Ctrl+Enter】组合键确认输入，如图5-61所示。用同样的方法为其他两个学历输入文本。

步骤02 选择A4:D9单元格区域，单击"数据透视表工具 分析"选项卡"工具"组中的"数据透视图"按钮，如图5-62所示。

图5-61

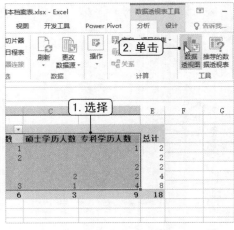

图5-62

步骤03 在打开的"插入图表"对话框中单击"饼图"选项卡，然后在该选项卡的右侧选择"三维饼图"选项，如图5-63所示，单击"确定"按钮，即可根据数据透视表插入数据透视图。

步骤04 返回工作表中，为数据透视图套用合适的图表样式（其操作与普通图表的操作相似），然后为数据透视图的标题设置合适的字体格式和数据标签字体格式，如图5-64所示。

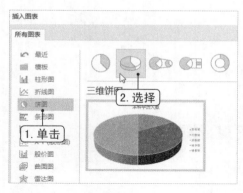

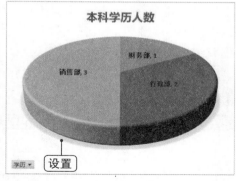

图5-63 图5-64

步骤05 完成设置后,单击图表左下角的"学历"下拉按钮,打开的筛选器中取消选中所有的复选框,仅选中"专科学历人数"复选框,单击"确定"按钮进行筛选,如图5-65所示。

步骤06 即可在图表中发现饼图的数据系列发生了变化,并且图表的标题也发生了变化,如图5-66所示。

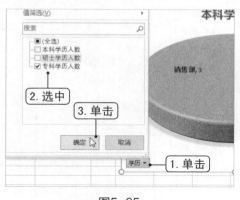

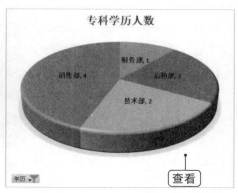

图5-65 图5-66

5.3.4 使用切片器筛选数据

在数据透视图中,不仅可以通过自带的字段筛选功能动态分析图表数据,还可以通过切片器功能进行数据筛选,从而实现数据透视图数据的动态分析与展示。

下面在"各城市电器销售统计分析"工作簿中，通过插入切片器，筛选出不同地区、不同城市的各项电器的销售数据，实现动态分析展示，以此为例介绍相关操作。

案例精解

通过切片器动态分析不同地区的电器销售情况

本节素材	◎/素材/Chapter05/各城市电器销售统计分析.xlsx
本节效果	◎/效果/Chapter05/各城市电器销售统计分析.xlsx

步骤01 打开"各城市电器销售统计分析"素材文件，将鼠标光标移动到A5单元格左侧，当鼠标光标变为右箭头时，按下鼠标左键向下拖动到A7单元格，单击鼠标右键，选择"创建组"命令，如图5-67所示。

步骤02 用同样的方法，将其他城市进行组合，即西南地区（贵阳、昆明）；华东地区（杭州、合肥、南京、上海）；东北地区（沈阳、大庆）；华中地区（武汉、长沙），组合完成后并对组名进行修改，如图5-68所示。

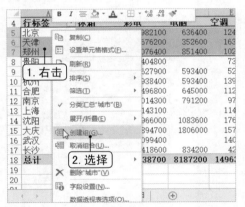

图5-67

图5-68

步骤03 选择A4:F22单元格区域，在"数据透视表工具 分析"选项卡"工具"组中单击"数据透视图"按钮，如图5-69所示。

步骤04 在打开的"插入图表"对话框中单击"柱形图"选项卡，双击"簇状柱形图"选项即可创建数据透视图，如图5-70所示。

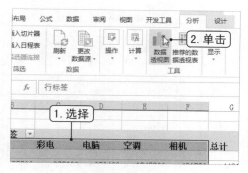

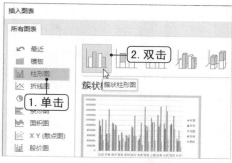

图5-69

图5-70

步骤05 为数据透视图套用合适的图表样式，并设置图表标题，选择图表，单击"数据透视图工具 分析"选项卡"筛选"组中的"插入切片器"按钮，如图5-71所示。

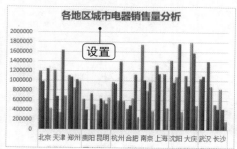

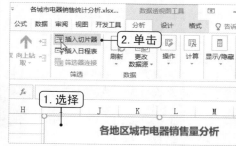

图5-71

步骤06 在打开的"插入切片器"对话框中选中"商品"复选框，如图5-72所示，单击"确定"按钮。

步骤07 选择创建的切片器，在"切片器工具 选项"选项卡"按钮"组中的"列"组合框中输入"5"，在"大小"组中设置高度为"1.7"，设置宽度为"7.4"，如图5-73所示。

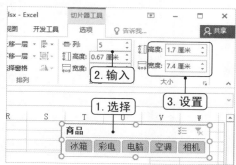

图5-72

图5-73

步骤08 选择切片器，在"切片器工具 选项"选项卡"切片器样式"组中选择合适的切片器样式，这里选择"切片器样式浅色4"样式，如图5-74所示。

步骤09 调整图表大小，将切片器移动到图表右上角，同时选择图表和切片器，单击"绘图工具 格式"选项卡"排列"组中的"组合"下拉按钮，选择"组合"选项，如图5-75所示。

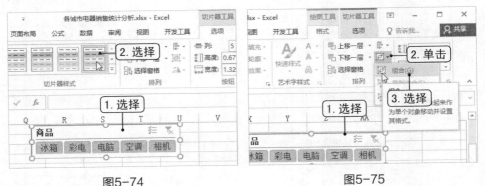

图5-74   图5-75

步骤10 设置完后，在切片器中单击"彩电"按钮，按住【Ctrl】键，再单击"空调"按钮，即可查看筛选结果，如图5-76所示。

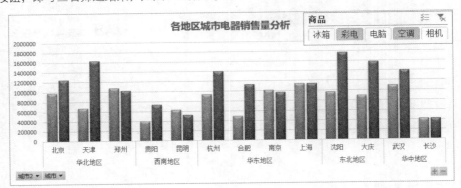

图5-76

第 **6** 章

比较分析，谁大谁小一目了然

通过图表分析数据常需要进行数据大小的对比与展示，在Excel中常用柱形图与条形图来展示数据的大小，通过数据系列的高低和长短直观比较各个数据的大小，使分析结果更加方便阅读。

● 用柱形图对比分析数据

- 连续时间内的数据对比
- 多指标数据整体的比较
- 理想与现实的数据对比
- 用三维圆柱体对比数据的库容情况
- 带参考线的柱形图
- 多段式柱形图
- 利用帕累托图对比数据

● 用条形图对比分析数据

- 分类标签长的数据对比分析
- 对称条形图的应用
- 多重对比滑珠图
- 不同项目不同时间下的对比分析
- 制作甘特图展示项目进度
- 制作突出头尾数据的条形图

6.1 用柱形图对比分析数据

在生活和工作中，有时会遇到需要对多部分数据进行对比分析，这时就可以使用柱形图工具，以柱形形状的方式展示各组成部分之间的对比情况，方便直观查看和分析数据。

6.1.1 连续时间内的数据对比

连续时间内的数据对比分析在实际工作中比较常见，例如一年中每个月数据情况对比，一个月内每日情况对比等。通过柱形图能够轻松对比数据之间的大小情况。

例如，在"企业费用开支对比"工作簿中记录了当年企业4项开支数据每月的开支情况，企业希望通过对比了解各月各项费用的情况。下面以创建柱形图对比分析各个月份各项支出的具体情况为例介绍利用柱形图对比各项数据的操作。

案例精解
各月企业支出数据对比分析

本节素材	◉/素材/Chapter06/企业费用开支对比.xlsx
本节效果	◉/效果/Chapter06/企业费用开支对比.xlsx

步骤01 打开"企业费用开支对比"素材文件，选择数据源中的A2:M6单元格区域，在"插入"选项卡"图表"组中单击"插入柱形图或条形图"下拉按钮，在弹出的下拉菜单中选择"簇状柱形图"选项，如图6-1所示。

步骤02 在插入的柱形图中的文本框中输入"企业各项开支对比分析"文本，并为图表、坐标轴和图例设置合适的字体样式，如图6-2所示。

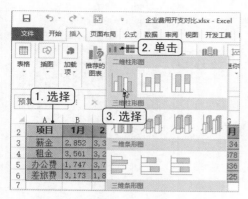

图6-1

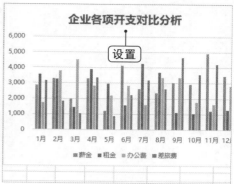

图6-2

步骤03 双击图表的纵坐标轴，在打开的窗格中单击"坐标轴选项"按钮，在"边界"栏中的"最小值"文本框中输入"500"，在"最大值"文本框中输入"5000"，如图6-3所示。

步骤04 选择任意数据系列，在右侧窗格中单击"系列选项"按钮，在"系列重叠"数值框中输入"-5%"，在"分类间距"数值框中输入"273%"，如图6-4所示。

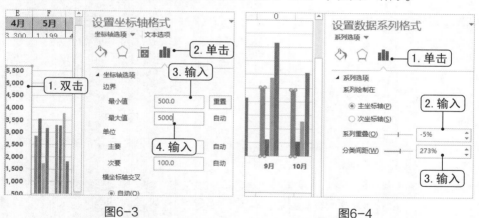

图6-3

图6-4

步骤05 选择图表的横向网格线，在右侧窗格中单击"填充与线条"按钮，选中"实线"单选按钮，单击下方的"短划线类型"下拉按钮，在弹出的下拉列表中选择"短划线"选项，如图6-5所示。

步骤06 选择图表的图表区，在窗格中单击"填充与线条"按钮，单击"颜色"下拉按钮，选择"浅蓝"选项，如图6-6所示。

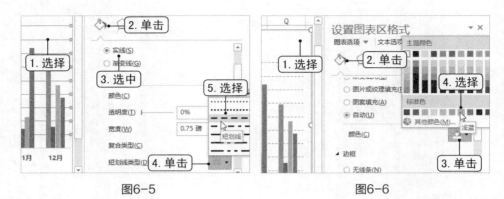

图6-5   图6-6

步骤07 为图表区设置填充色，在图表中3月与4月之间绘制直线，选择直线，在窗格中单击"填充与线条"按钮，设置填充色为"黄色"，设置短画线类型为"短画线"，如图6-7所示。

步骤08 复制绘制的虚线到6月和7月之间，以及9月和10月之间，如图6-8所示。

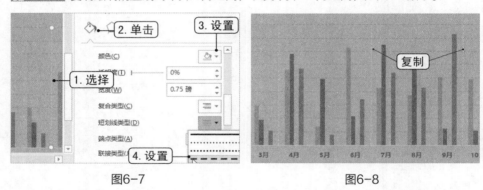

图6-7   图6-8

步骤09 分别在隔开的4个部分中插入文本框，输入"第一季度"到"第四季度"4个文本，并设置相应格式，最终效果如图6-9所示。

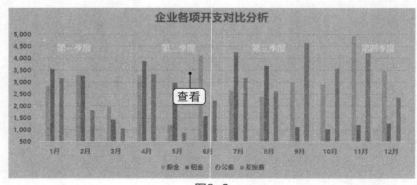

图6-9

6.1.2　多指标数据整体的比较

在进行数据分析时，有时不仅要关注数据的增减情况，还需要通过数据关注内部结构的变化趋势，要对多个指标进行整体比较，则可以使用堆积柱形图进行分析。

例如，在"企业各季度各销售部门销售数据"工作簿中记录了当年各季度各销售部的销售情况和各季度的总销售情况，现在需要对比每个季度中各销售部的具体销售情况。下面以创建堆积柱形图表对比分析各销售部的具体销售情况为例，讲解具体的操作。

案例精解

各销售部的销售情况对比分析

本节素材	◎/素材/Chapter06/企业各季度各销售部门销售数据.xlsx
本节效果	◎/效果/Chapter06/企业各季度各销售部门销售数据.xlsx

步骤01 打开"企业各季度各销售部门销售数据"素材文件，选择数据源中的A2:G6单元格区域，在"插入"选项卡"图表"组中单击"插入柱形图或条形图"下拉按钮，在弹出的下拉菜单中选择"堆积柱形图"选项，如图6-10所示。

步骤02 选择创建的图表，单击"图表工具 设计"选项卡"数据"组中的"切换行/列"按钮，如图6-11所示。

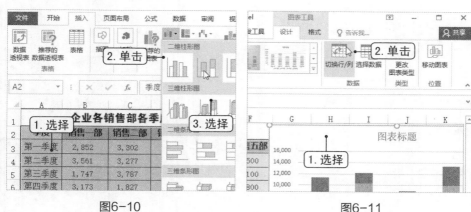

图6-10　　　　　　　　　　　　图6-11

步骤03 选择图表中的"合计"数据系列，单击图表右侧的"图表元素"按钮，选中"数据标签"复选框，如图6-12所示。

步骤04 保持该数据系列的选择状态，按【Ctrl+1】组合键，在打开的"设置数据系列格式"窗格中单击"填充与线条"按钮，展开"填充"栏，选中"无填充"单选按钮，如图6-13所示。

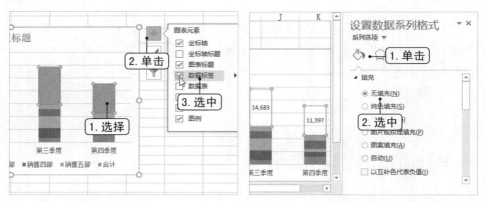

图6-12　　　　　　　　　　　图6-13

步骤05 选择图表中的数据标签，在"设置数据标签格式"窗格中单击"标签选项"按钮，展开"标签选项"栏，选中"轴内侧"单选按钮，如图6-14所示。

步骤06 选择"销售一部"数据系列，在"设置数据系列格式"窗格中单击"填充与线条"按钮，选中"纯色填充"单选按钮，单击"颜色"下拉按钮，选择"紫色"选项，如图6-15所示。

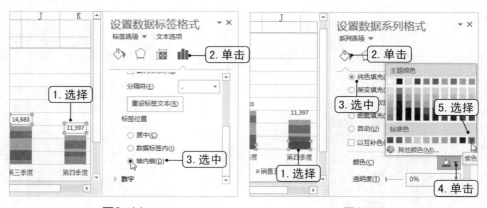

图6-14　　　　　　　　　　　图6-15

步骤07 展开该窗格中的"边框"栏，选中"实线"单选按钮，在"宽度"数值框中输入"0.75"，单击"颜色"下拉按钮，选择"白色，背景1"选项，如图6-16所示。

步骤08 单击"效果"按钮，展开"阴影"栏，单击"预设"下拉按钮，在弹出的下拉列表中选择"右下斜偏移"选项，如图6-17所示。

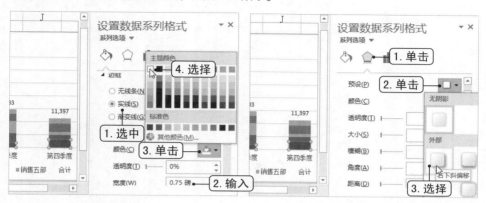

图6-16　　　　　　　　　　　　　　图6-17

步骤09 在"透明度"数值框中输入"60%"，在"模糊"数值框中输入"2"，在"距离"数值框中输入"1"，如图6-18所示。

步骤10 使用同样的方法，依次为其他数据系列添加填充色、边框和阴影效果，其中，填充色逐渐变淡，如图6-19所示。

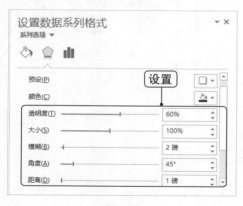

图6-18

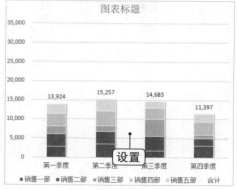

图6-19

步骤11 双击图表的纵坐标轴，在打开的"设置坐标轴格式"窗格中单击"坐标轴选项"按钮，展开"坐标轴选项"栏，在"边界"栏中的"最大值"文本框中输入"18000"，如图6-20所示。

步骤12 选择图表，单击图表右侧的"图表元素"按钮，取消选中"网格线"复选框，如图6-21所示。

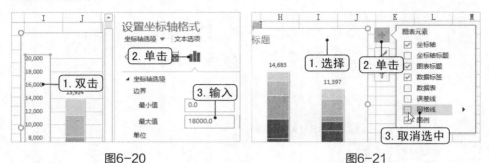

图6-20   图6-21

步骤13 分别选择没有数据标签的数据系列，为其添加数据标签，并调整数据标签的颜色。调整绘图区的大小，在图表中插入文本框，并输入"单位：万元"文本，设置格式，如图6-22所示。

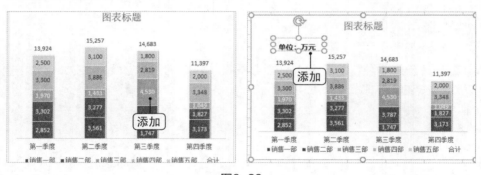

图6-22

步骤14 设置图表区的填充色，为图表设置合适的图表标题，完成后即可查看效果，如图6-23所示。

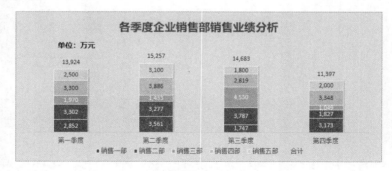

图6-23

6.1.3　理想与现实的数据对比

在进行数据分析和展示时，有时需要将两个或多个数据进行对比，从而获得更直观的数据。例如分析销售人员销售数据与行业平均数据的关系，两个部门业绩高低比较等，可以通过柱形图嵌套的方式实现。

例如，在"企业销售部计划销量与实际销量统计"工作簿中记录了某企业上半年各月的预计销售数量和实际销售数量，现在需要对比分析各月的销售目标完成情况。下面以创建柱形图嵌套的方式来对比分析各月的预计销售数据与实际销售数据为例，讲解具体操作。

案例精解

各月实际销售量与预计销量对比分析

本节素材	◉/素材/Chapter06/企业销售部计划销量与实际销量统计.xlsx
本节效果	◉/效果/Chapter06/企业销售部计划销量与实际销量统计.xlsx

步骤01 打开"企业销售部计划销量与实际销量统计"素材文件，选择数据源中的A2:G4单元格区域，在"插入"选项卡"图表"组中单击"插入柱形图或条形图"下拉按钮，在弹出的下拉菜单中选择"簇状柱形图"选项，如图6-24所示。

步骤02 在图表标题文本框中分别输入"上半年公司销售计划完成情况"文本和"2月和4月未完成"文本，并分别设置字体样式，如图6-25所示。

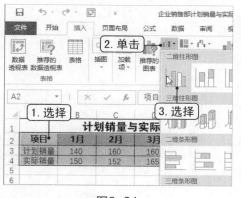

图6-24　　　　　　　　　　图6-25

步骤03 选择图表，按【Ctrl+1】组合键，在打开的"设置图表区格式"窗格中单击"填充与线条"按钮，选中"纯色填充"单选按钮，单击"颜色"下拉按钮，选择"蓝色，个性色1，淡色80%"选项，如图6-26所示。

步骤04 选择"计划销量"数据系列，在窗格中单击"系列选项"按钮，选中"次坐标轴"单选按钮，在"分类间距"数值框中输入"200%"，如图6-27所示。

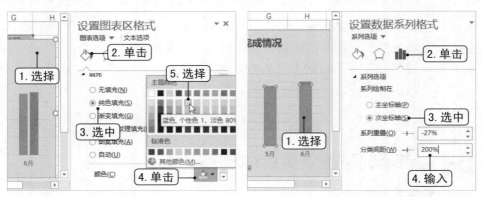

图6-26   图6-27

步骤05 单击"填充与线条"按钮，展开"填充"栏，选中"无填充"单选按钮。展开"边框"栏，选中"实线"单选按钮，单击"颜色"下拉按钮，选择"灰色-25%，背景2，深色75%"选项，如图6-28所示。

步骤06 分别选择主坐标轴和次坐标轴，在"坐标轴选项"界面的"边界"栏中设置最小值为"100"，设置最大值为"180"，然后删除次坐标轴，如图6-29所示。

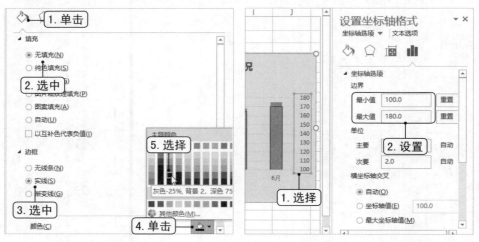

图6-28   图6-29

步骤07 选择图表的横坐标轴，在"设置坐标轴格式"窗格中单击"填充与线条"按钮，展开"线条"栏，选中"实线"单选按钮，单击"颜色"下拉按钮，选择"灰色-25%，背景2，深色75%"选项，如图6-30所示。用同样的方法为纵坐标轴设置同样的样式。

步骤08 选择图表，单击图表右侧的"图表元素"按钮，在弹出的面板中取消选中"网格线"复选框取消图表的网格线，如图6-31所示。

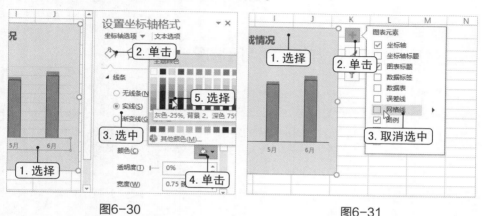

图6-30 | 图6-31

步骤09 完成设置后，调整图表的大小，并将图表标题移动到合适的位置，即可查看效果，如图6-32所示。

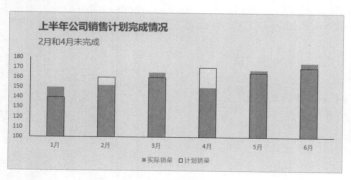

图6-32

6.1.4 用三维圆柱体对比数据的库容情况

了解和对比产品或原料的库存容量是比较常见的工作。在实际操作中，通常用三维圆柱体图表来表现库容情况，方便了解数据的耗用情况。

例如，在"快递公司在某市的仓库库容统计"工作簿中记录了某快递公司在某城市的4个仓库的库容情况，现在需要对比分析各个仓库的库容与耗用情况。

下面以创建三维圆柱体图表来展示各个仓库的库容情况，以及当前库容的耗用情况为例讲解具体操作。

案例精解

用三维圆柱体对比仓库库容耗用情况

本节素材	◎/素材/Chapter06/快递公司在某市的仓库库容统计.xlsx
本节效果	◎/效果/Chapter06/快递公司在某市的仓库库容统计.xlsx

步骤01 打开"快递公司在某市的仓库库容统计"素材文件，选择数据源中的A2:C6单元格区域，在"插入"选项卡"图表"组中单击"插入柱形图或条形图"下拉按钮，在弹出的下拉菜单中选择"簇状柱形图"选项，如图6-33所示。

步骤02 单击"插入"选项卡"插图"组中的"形状"下拉按钮，选择"椭圆"选项，按住【Shift】键绘制一个圆形，如图6-34所示。

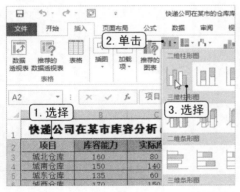

图6-33

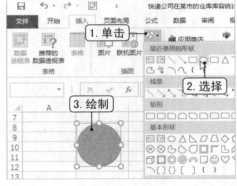

图6-34

步骤03 选择绘制的圆形，按【Ctrl+1】组合键，在打开的"设置形状格式"窗格中单击"填充与线条"按钮，选中"纯色填充"单选按钮，单击"颜色"下拉按钮，选择"金色，个性色4，深色25%"选项，选中"无线条"单选按钮，如图6-35所示。

步骤04 单击"效果"按钮，展开"三维格式"栏，单击"顶部棱台"下拉按钮，选择"圆"选项，分别设置宽度为"1"，高度为"250"，如图6-36所示。

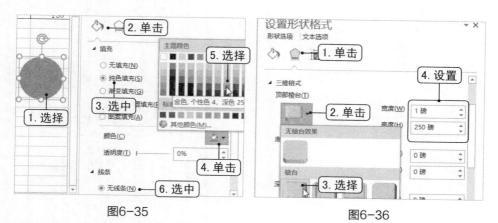

图6-35   图6-36

步骤05 展开"三维旋转"栏，分别在"X旋转""Y旋转""Z旋转"数值框中输入"306°""300°""58°"，如图6-37所示。

步骤06 再次展开"三维格式"栏，单击"材料"下拉按钮，在弹出的下拉列表中选择"塑料效果"选项，如图6-38所示。

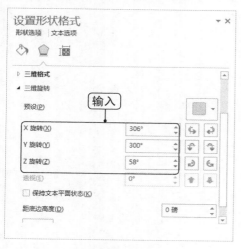

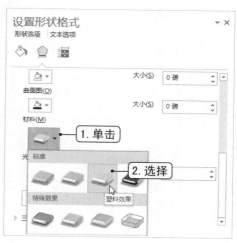

图6-37   图6-38

步骤07 单击"光源"下拉按钮，在弹出的下拉列表中选择"对比"选项完成光源设置，如图6-39所示。

步骤08 单击"深度"下拉按钮，在弹出的下拉列表中选择"白色，背景1"选项，在其右侧的"大小"数值框中输入"6"，如图6-40所示。

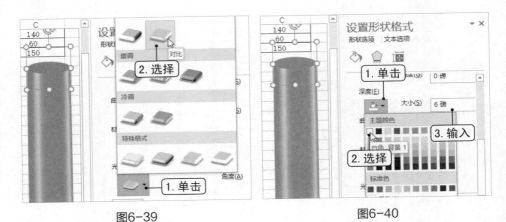

图6-39 图6-40

步骤09 复制前面设置好的图形。选择该图形，在窗格中的"效果"界面中设置"深度"的大小值为"0"，单击"填充与线条"按钮，单击"颜色"下拉按钮，选择"金色，个性色4，淡色40%"选项，在"透明度"组合框中输入"30%"，如图6-41所示。

步骤10 剪切初始的圆柱体，粘贴到图表中的"库容能力"数据系列；剪切第二个圆柱体，粘贴到图表中的"实际库容"数据系列，如图6-42所示。

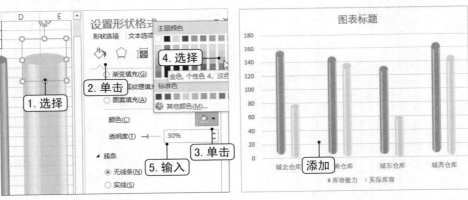

图6-41 图6-42

步骤11 选择图表的"实际库容"数据系列，在"设置数据系列格式"窗格中单击"系列选项"按钮，在"系列重叠"数值框中输入"100%"，在"分类间距"数值框中输入"10%"，如图6-43所示。

步骤12 选择图表，在窗格中单击"填充与线条"按钮，展开"填充"栏，选中"渐变填充"单选按钮，单击"预设渐变"下拉按钮，选择"浅色渐变-个性色1"选项，如图6-44所示。

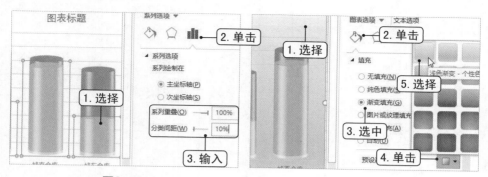

图6-43   图6-44

步骤13 接着设置类型为"射线"，单击"方向"下拉按钮，选择"从左下角"选项，如图6-45所示。

步骤14 为图表设置合适的标题，并对标题和坐标轴的字体格式进行设置，然后删除图例，如图6-46所示。

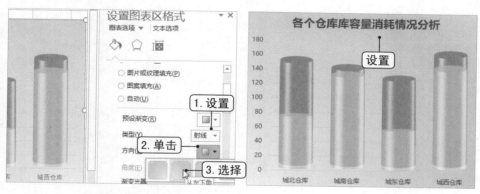

图6-45   图6-46

步骤15 完成设置后，添加单位，调整图表大小，即可查看效果，如图6-47所示。

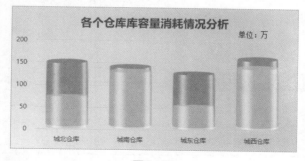

图6-47

6.1.5 带参考线的柱形图

在使用柱形图进行数据展示和分析的过程中，有时需要对比各项数据与某一目标值的差距，例如分析各月的销售业绩与目标业绩之间的差距，这时就可以通过参考线来实现。

下面以在"企业门店顾客流量统计分析"工作簿中创建带参考线的柱形图分析各月份的客流量数据超过了平均值的数据为例，讲解具体操作。

案例精解

分析超过客流量平均值的月份有哪些

本节素材	◎/素材/Chapter06/企业门店顾客流量统计分析.xlsx
本节效果	◎/效果/Chapter06/企业门店顾客流量统计分析.xlsx

步骤01 打开"企业门店顾客流量统计分析"素材，在C1单元格输入"平均数"，选择C2:C13单元格区域，输入"=ROUND(AVERAGE($B$2:$B$13),0)"公式进行计算，如图6-48所示。

步骤02 选择A1:C13单元格区域，在"插入"选项卡"图表"组中单击"对话框启动器"按钮，如图6-49所示。

图6-48

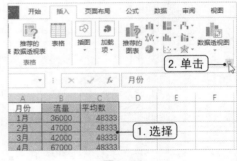

图6-49

知识延伸 | AVERAGE()函数说明

AVERAGE()函数用于计算参数列表中数值的平均值，其语法结构为：AVERAGEA(value1, [value2], ...)，该函数的参数可以是数值，也可以是包含数值的名称、数组或引用；如果参数为数字的文本表示、逻辑值或空单元格，将被忽略。

步骤03 在打开的"插入图表"对话框中单击"所有图表"选项卡，单击"组合"选项卡，双击"簇状柱形图-折线图"按钮创建图表，如图6-50所示。

步骤04 双击新创建图表的纵坐标轴，在打开的"设置坐标轴格式"窗格中单击"坐标轴选项"按钮，在"边界"栏中的"最小值"文本框中输入"20000"，在"最大值"文本框中输入"75000"，如图6-51所示。

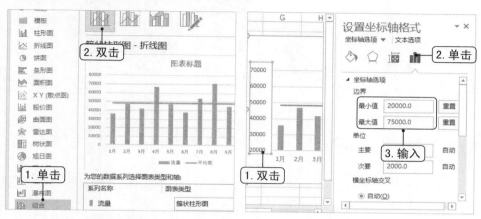

图6-50　　　　　　　　　　图6-51

步骤05 选择图表中的折线，在打开的"设置数据系列格式"窗格中单击"填充与线条"按钮，展开"线条"栏，单击"短划线类型"下拉按钮，选择"划线-点"选项，如图6-52所示。

步骤06 选择"流量"数据系列，在窗格中单击"系列选项"按钮，在"分类间距"数值框中输入"100%"，如图6-53所示。

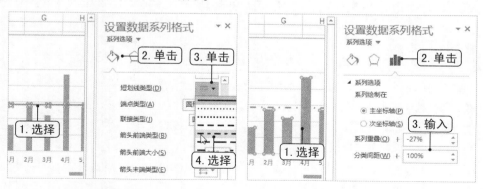

图6-52　　　　　　　　　　图6-53

步骤07 完成设置后为图表设置合适的填充色，添加图表标题，再删除图表的网格线，即可查看最终效果，如图6-54所示。

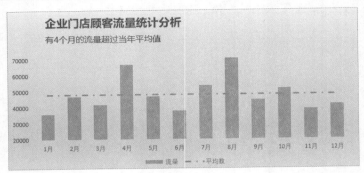

图6-54

6.1.6　多段式柱形图

多段式柱形图是指共享一个横坐标轴，在一个柱形中分段展示多个数据，相较于普通柱形图来说，数据展示的效果更好。

例如在"上半年各地区采购数据分析"工作簿中记录了上半年各地区分店的采购数据，现在需要分析各月各地区的采购数据。下面以创建多段式柱形图展示各地区分店的采购数据情况为例，讲解具体操作。

(案例精解)
多段式柱形图分析各月分店采购数据

本节素材	◉/素材/Chapter06/上半年各地区采购数据分析.xlsx
本节效果	◉/效果/Chapter06/上半年各地区采购数据分析.xlsx

步骤01 打开"上半年各地区采购数据分析"素材文件，在各列采购数据之间插入一列空白单元格，在表头单元格输入"占位"文本，选择C2:C7单元格区域，在编辑栏中输入"=500-B2"公式，按【Ctrl+Enter】组合键进行计算，如图6-55所示。用同样的方法处理其他插入的空白单元格。

步骤02 在K1和L1单元格中分别输入"X轴"和"Y轴"文本，在K2:K6单元格中输入"7"，选择L2:L6单元格区域，在编辑栏中输入"=500*(ROW()-2)+70"公式，按【Ctrl+Enter】组合键进行计算，如图6-56所示。

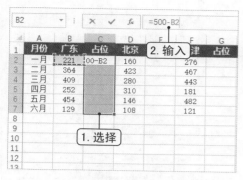

图6-55

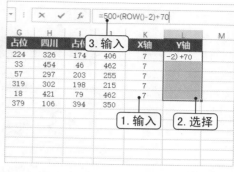

图6-56

 知识延伸 | ROW()函数说明

ROW()函数用于返回引用的行号，其语法结构为：ROW([reference])，reference是需要得到其行号的单元格或单元格区域，如果省略，则返回当前单元格的行号，reference不能引用多个区域。

步骤03 选择A1:L7单元格区域，单击"插入"选项卡"图表"组中的"插入柱形图或条形图"下拉按钮，在弹出的下拉菜单中选择"堆积柱形图"选项即可创建图表，如图6-57所示。

步骤04 选择创建好的图表，在"图表工具 设计"选项卡"数据"组中单击"切换行/列"按钮，如图6-58所示。

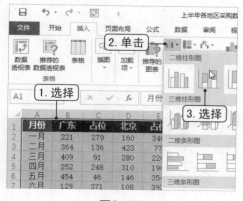

图6-57

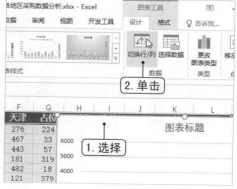

图6-58

步骤05 保持图表的选择状态，在"图表工具 设计"选项卡"类型"组中单击"更改图表类型"按钮，如图6-59所示。

步骤06 在打开的"更改图表类型"对话框中单击"所有图表"选项卡左侧的"组合"选项卡，然后将除了X轴和Y轴外的其他系列的图表类型设置为"堆积柱形图"，将X轴和Y轴的图表类型设置为"带平滑线和数据标记的散点图"，最后取消选中其右侧的"次坐标轴"复选框，单击"确定"按钮，如图6-60所示。

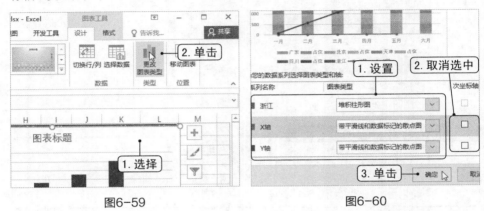

图6-59　　　　　　　　　　　　　　　图6-60

步骤07 返回到工作表中删除散点图中横坐标轴附近的数据系列，选择斜向的散点图，在编辑栏中将"$A$2:$A$7"修改为"$K$2:$K$6"，将"$L$2:$L$7"修改为"$L$2:$L$6"，并按【Enter】键确认，如图6-61所示。

步骤08 选择任意柱形图数据系列，按【Ctrl+1】组合键，在打开的窗格中单击"系列选项"按钮，展开"系列选项"栏，在"分类间距"数值框中输入"10%"，如图6-62所示。

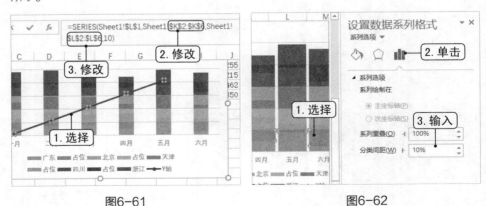

图6-61　　　　　　　　　　　　　　　图6-62

步骤09 选择图表的纵坐标轴，在"设置坐标轴格式"窗格中单击"坐标轴选项"按钮，在"边界"栏中的"最大值"文本框中输入"2500"，如图6-63所示。

步骤10 选择其中的"占位"数据系列，在"设置数据系列格式"窗格中单击"填充与线条"按钮，展开"填充"栏，选中"无填充"单选按钮，如图6-64所示。用同样的方法，将其他"占位"数据系列设置为无填充。

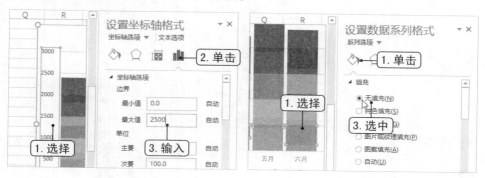

图6-63　　　　　　　　　　　　　　　　图6-64

步骤11 选择柱形图最上方的数据系列，单击"图表工具 设计"选项卡"图表布局"组中的"添加图表元素"下拉按钮，在弹出的下拉菜单中选择"数据标签/居中"命令，如图6-65所示。用同样的方法为其他数据系列设置数据标签。

步骤12 删除图表的纵坐标轴，调整图表中数据系列的填充色，并且将图表中每个地区的采购数据（每一行）最大值用较深的颜色突出显示，如图6-66所示。

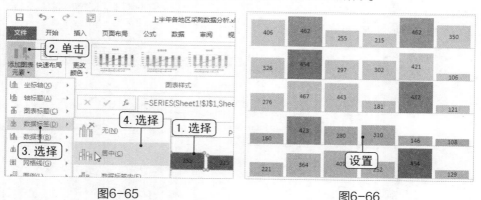

图6-65　　　　　　　　　　　　　　　　图6-66

步骤13 选择散点图的数据系列，在"设置数据系列格式"窗格中单击"填充与线条"按钮，展开"线条"栏，选中"实线"单选按钮，单击"颜色"下拉按钮，选择"白色，背景1"选项，宽度设置为3.5磅，如图6-67所示。

步骤14 单独选择最上方的数据点，在"设置数据点格式"窗格中单击"填充与线条"

按钮，单击"标记"按钮，在展开的"数据标记选项"栏中选中"内置"单选按钮，在
"大小"数值框中输入"13"，展开"填充"栏，选中"纯色填充"单选按钮，设置填
充色与左侧的数据系列相同，如图6-68所示。用同样的方法设置其他数据点。

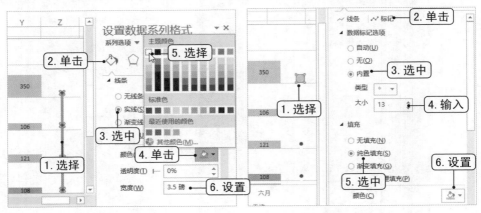

图6-67　　　　　　　　　　　　　　　　图6-68

步骤15 在散点图的每个数据点右侧绘制文本框，在其中输入左侧数据系列对应的地
区，选择图表和所有的文本框，单击"绘图工具 格式"选项卡"排列"组中的"组合"
下拉按钮，选择"组合"选项，如图6-69所示，删除图表的图例。

步骤16 选择图表，在打开的"设置图表区格式"选项卡中单击"填充与线条"按钮，
选中"渐变填充"单选按钮，单击"预设渐变"下拉按钮，选择"顶部聚光灯-个性色
3"选项，如图6-70所示。

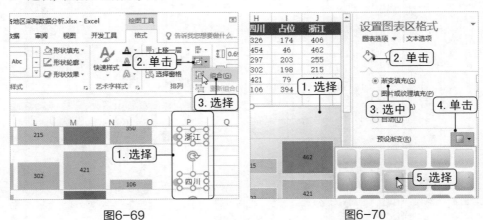

图6-69　　　　　　　　　　　　　　　　图6-70

步骤17 完成设置后为图表添加图表标题，并设置标题、坐标轴和文本框文字的字体格
式，即可查看最终效果，如图6-71所示。

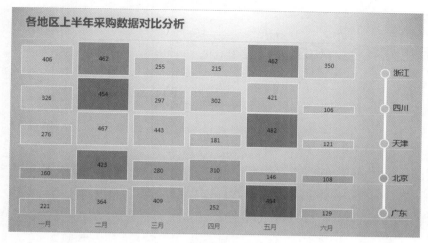

图6-71

6.1.7　利用帕累托图对比数据

在实际工作中，很多时候会遇到在一项事物中，最重要的部分只占了20%，其他80%却是次要的，这就是二八定律，也叫作帕累托法则。例如企业利润的80%通常由20%的主要客户贡献；而剩余20%利润通常由80%的次要客户贡献。

帕累托图（Pareto Chart）是将出现的质量问题和质量改进项目按照重要程度依次排列而采用的一种图表，是以意大利经济学家V.Pareto的名字进行命名的。

帕累托图是采用双直角坐标系成图，其中横坐标表示影响因素，按其影响程度的大小从左到右排列，而主纵坐标（左侧）表示频数，次坐标轴（右侧）表示频率，折线表示累积频率。通过对帕累托图的分析，可以抓住影响质量的主要因素，从而优先解决主要问题。

例如，在"门店电脑配件月销售额分析"工作簿中记录了当月门店销售的各种电脑配件的销售额，现在需要分析各种销售配件对总销售额的贡献，方便抓住重点产品。下面以创建帕累托图进行数据分析为例，讲解具体操作。

案例精解

利用帕累托图分析配件销售情况

本节素材	◎/素材/Chapter06/门店电脑配件月销售额分析.xlsx
本节效果	◎/效果/Chapter06/门店电脑配件月销售额分析.xlsx

步骤01 打开"门店电脑配件月销售额分析"素材文件，选择B3单元格，单击"数据"选项卡"排序和筛选"组中的"降序"按钮，如图6-72所示。

步骤02 在C1单元格中输入"累计百分比"，选择C2:C9单元格区域，在编辑栏中输入"=SUM($B$2:B2)/SUM($B$2:$B$9)"公式，按【Ctrl+Enter】组合键计算，如图6-73所示。

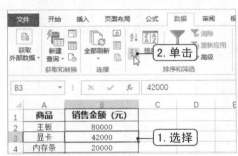

图6-72

图6-73

步骤03 选择C2:C9单元格区域，单击"开始"选项卡"数字"组中的"对话框启动器"按钮，如图6-74所示。

步骤04 在打开的"设置单元格格式"对话框中的"数字"选项卡的"分类"列表框中选择"百分比"选项，在"小数位数"数值框中输入"2"，如图6-75所示，单击"确定"按钮，将数据设置为百分比格式。

图6-74

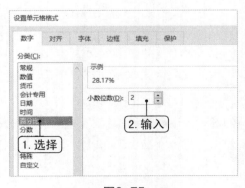

图6-75

步骤05 选择A1:C9单元格区域，单击"插入"选项卡"图表"组中的"对话框启动器"按钮，在打开的对话框中单击"所有图表"选项卡，单击"组合"选项卡，设置"累计百分比"系列的图表类型为"带数据标记的折线图"，选中"次坐标轴"复选框，单击"确定"按钮，如图6-76所示。

步骤06 双击柱形数据系列，在打开的窗格中单击"系列选项"按钮，在"分类间距"数值框中输入"5%"，如图6-77所示。

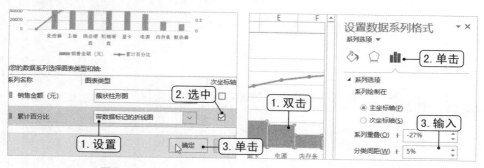

图6-76   图6-77

步骤07 保持图表和数据系列的选择状态，单击"图表工具 设计"选项卡"图表布局"组中的"添加图表元素"下拉按钮，在弹出的下拉菜单中选择"数据标签/数据标签内"命令，如图6-78所示。

步骤08 选择图表的次坐标轴，在窗格中单击"坐标轴选项"按钮，展开"标签"栏，单击"标签位置"下拉按钮，选择"无"选项，如图6-79所示。

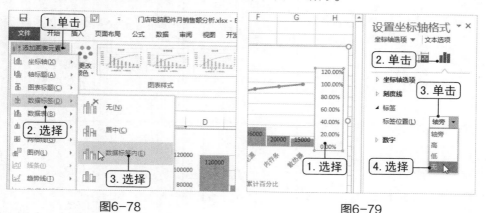

图6-78   图6-79

步骤09 为图表添加合适的标题，设置合适的背景填充色，即可查看最终效果，如图6-80所示。

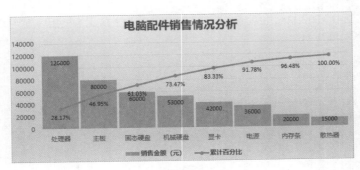

图6-80

知识延伸 | Excel 2016快速制作帕累托图

　　Excel 2016中为用户提供了能够快速制作帕累托图的功能，极大减轻了用户的操作难度。只需要选择目标数据，在"插入图表"对话框中单击"直方图"选项卡，双击"排列图"按钮即可创建帕累托图，如图6-81所示。

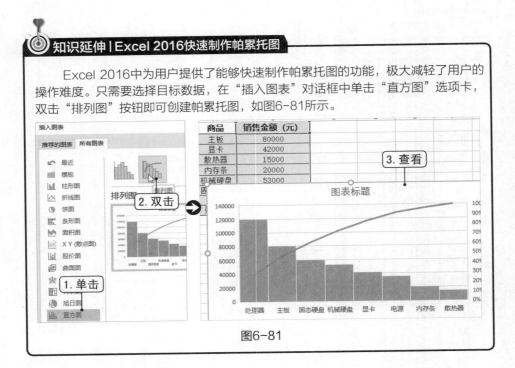

图6-81

6.2　用条形图对比分析数据

　　条形图与柱形图相似，可以看作是柱形图旋转90°得到的，很多时候条形图在数据分析过程中更具优势，本节将作具体介绍。

6.2.1 分类标签长的数据对比分析

使用条形图分析数据时，有时会遇到分类标签过长，无法较好地显示。这时用户可以考虑将数据标签放在数据项之间。

下面在"销售部客户流失分析"工作簿中创建条形图，并处理分类标签过长的现实问题，以此为例介绍相关操作。

案例精解

用条形图分析客户流失原因

本节素材	◎/素材/Chapter06/销售部客户流失分析.xlsx
本节效果	◎/效果/Chapter06/销售部客户流失分析.xlsx

步骤01 打开"销售部客户流失分析"素材文件，选择A2:B8单元格区域，单击"插入"选项卡"图表"组中的"插入柱形图或条形图"下拉按钮，选择"簇状条形图"选项，如图6-82所示。

步骤02 删除图表的纵坐标轴，复制A3:B8单元格区域，选择图表，按【Ctrl+V】组合键添加一个新的数据系列，如图6-83所示。

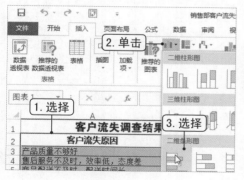

图6-82

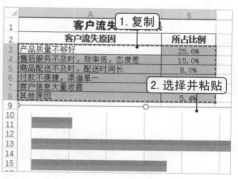

图6-83

步骤03 选择新添加的数据系列，单击图表右侧的"图表元素"按钮，在弹出的面板中单击"数据标签"选项右侧的展开按钮，在弹出的菜单中选择"轴内侧"选项，如图6-84所示。

步骤04 双击新添加的数据标签，在打开的"设置数据标签格式"窗格中单击"标签选项"按钮，在展开的"标签选项"栏中选中"类别名称"复选框，取消选中"值"和"显示引导线"复选框，如图6-85所示。

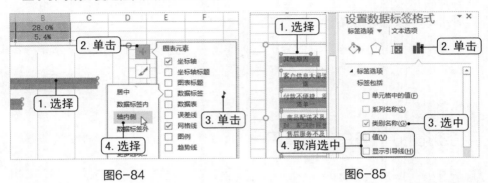

图6-84   图6-85

步骤05 选择新添加的数据系列，在"设置数据系列格式"窗格中单击"填充与线条"按钮，展开"填充"栏，选中"无填充"单选按钮，如图6-86所示。

步骤06 保持数据系列的选择状态，单击"系列选项"按钮，在"分类间距"数值框中输入"0%"，如图6-87所示。

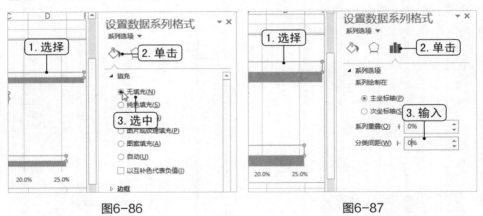

图6-86   图6-87

步骤07 选择显示的数据系列，单击图表右侧的"图表元素"按钮，在弹出的面板中单击"数据标签"选项右侧的展开按钮，在弹出的菜单中选择"数据标签外"选项，如图6-88所示。

步骤08 删除图表的垂直方向的网格线，添加水平方向的网格线，选择网格线，在窗格中单击"填充与线条"按钮，选中"实线"单选按钮，设置线条颜色为"蓝色"，设置短划线类型为"划线-点"，如图6-89所示。

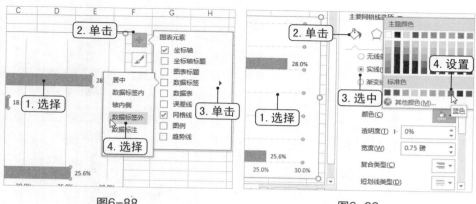

图6-88   图6-89

步骤09 为图表添加合适的标题，设置合适的背景填充色，并为图中的文字设置合适的字体样式即可，其最终效果如图6-90所示。

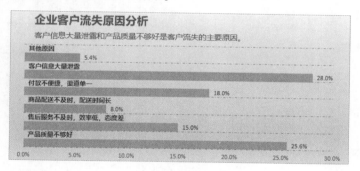

图6-90

6.2.2 对称条形图的应用

两组相互对应的数据的大小比较，在条形图中可以通过对称条形图的方式进行展示，对比分析更加直观。

下面以在"近五年公司产品进出口分析"工作簿中创建对称条形图，对比展示公司产品的进出口数据为例介绍相关操作。

案例精解

用对称条形图展示进出口产品数据

本节素材	◎/素材/Chapter06/近五年公司产品进出口分析.xlsx
本节效果	◎/效果/Chapter06/近五年公司产品进出口分析.xlsx

步骤01 打开"近五年公司产品进出口分析"素材文件，选择数据源创建簇状条形图，双击"出口"数据系列，在打开的窗格中单击"系列选项"按钮，选中"次坐标轴"单选按钮，设置分类间距为"60%"，如图6-91所示。设置另一个数据系列分类间距为60%。

步骤02 选择次坐标轴，在窗格中单击"坐标轴选项"按钮，分别设置最大值、最小值、主要单位和次要单位的值，选中"逆序刻度值"复选框，如图6-92所示。

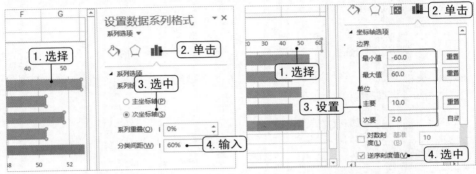

图6-91　　　　　　　　　　　　图6-92

步骤03 选择主坐标轴，单击"坐标轴选项"按钮，分别设置最大值、最小值、主要单位和次要单位的值，如图6-93所示。

步骤04 选择垂直轴，在窗格中单击"坐标轴选项"按钮，展开"标签"栏，单击"标签位置"下拉按钮，选择"低"选项，如图6-94所示。

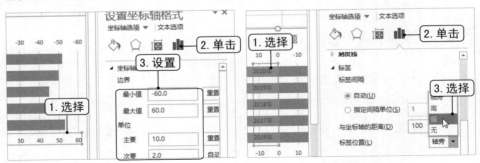

图6-93　　　　　　　　　　　　图6-94

步骤05 为图表添加合适的标题和数据标签，设置合适的背景填充色，并为图中的文字设置合适的字体样式即可，其最终效果如图6-95所示。

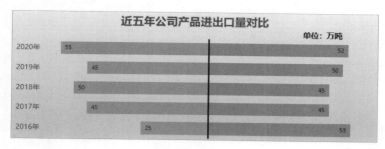

图6-95

6.2.3　多重对比滑珠图

在数据分析工作中，有时需要分析近几年数据相较于目标数据的变化情况，这时使用多重对比滑珠图可以较好展示。

下面在"对比分析近几年服装销售完成率"工作簿中创建多重对比滑珠图对比展示实际数据较目标数据的变化情况，以此为例介绍相关操作。

案例精解

用多重对比滑珠图展示实际数据与目标数据的变化情况

本节素材	◎/素材/Chapter06/对比分析近几年服装销售完成率.xlsx
本节效果	◎/效果/Chapter06/对比分析近几年服装销售完成率.xlsx

步骤01　打开"对比分析近几年服装销售完成率"素材文件，添加辅助列，选择数据源，打开"插入图表"对话框，在其中将图表设置为组合图（先将下面3项设置为散点图，再将第1项设置为簇状条形图），单击"确定"按钮，如图6-96所示。

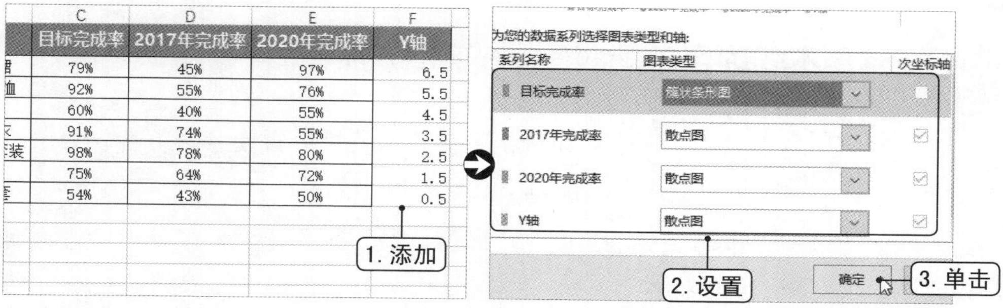

图6-96

`步骤02` 选择图表中的 "2020年完成率" 数据系列，在编辑栏中修改公式为 "=SERIES(Sheet1!$E$1,Sheet1!$E$2:$E$8,Sheet1!$F$2:$F$8,3)"，如图6-97所示。

`步骤03` 选择图表中的 "2017年完成率" 数据系列，在编辑栏中修改公式为 "=SERIES(Sheet1!$D$1,Sheet1!$D$2:$D$8,Sheet1!$F$2:$F$8,2)"，如图6-98所示。

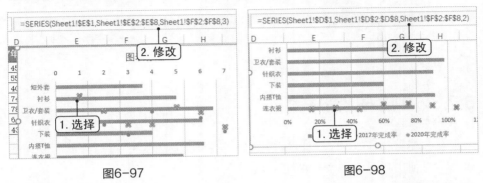

图6-97　　　　　　　　　　　　　图6-98

`步骤04` 设置上方和下方横坐标轴范围为0～1，删除次要坐标轴，并为数据系列设置相应的格式，为图表添加标题和图表背景，即可查看最终效果，如图6-99所示。

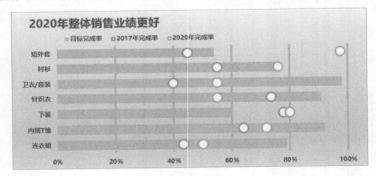

图6-99

6.2.4　不同项目不同时间下的对比分析

不同项目不同时间下的对比分析最常见的就是分析连续两年某一数据的变化情况，通常可以使用条形图直观展示。

下面以在 "维修部员工年度上门维修次数" 工作簿中创建条形图进行对比展示为例介绍相关操作。

案例精解

近两年员工上门维修次数对比分析

本节素材	◎/素材/Chapter06/维修部员工年度上门维修次数.xlsx
本节效果	◎/效果/Chapter06/维修部员工年度上门维修次数.xlsx

✿ 步骤01 　打开"维修部员工年度上门维修次数"素材文件，选择数据源创建簇状条形图，双击"2019年"数据系列，在窗格中单击"系列选项"按钮，选中"次坐标轴"单选按钮，设置分类间距为"40%"，如图6-100所示。同样地设置2020年数据系列分类间距为40%。

✿ 步骤02 　选择次坐标轴，在窗格中单击"坐标轴选项"按钮，分别设置最大值、最小值、主要单位和次要单位的值，选中"坐标轴值"单选按钮，在右侧的文本框中输入"50"，选中"逆序刻度值"复选框，如图6-101所示。

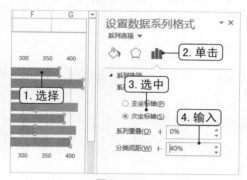

图6-100

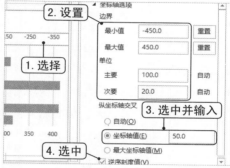

图6-101

✿ 步骤03 　选择主坐标轴，在窗格中单击"坐标轴选项"按钮，分别设置最大值、最小值、主要单位和次要单位的值，选中"坐标轴值"单选按钮，在右侧的文本框中输入"50"，如图6-102所示。

✿ 步骤04 　删除图表的网格线，删除上方和下方的坐标轴，根据需要为数据系列更改填充色，为图表添加数据标签，将图例移动到图表上方，如图6-103所示。

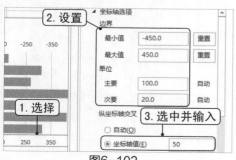

图6-102

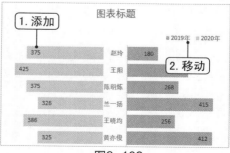

图6-103

步骤05 为图表添加合适的标题，设置合适的背景填充色，并为图中的文字设置合适的字体样式即可，其最终效果如图6-104所示。

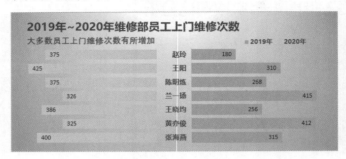

图6-104

6.2.5 制作甘特图展示项目进度

甘特图（Gantt Chart）主要通过条状形状来显示项目任务随着时间推进的进展情况，因此又称为横道图或条状图。这种图表包括条状形状、时间轴和项目轴3个部分，可直观地展现计划的推进时间。在企业项目开展时都会制作甘特图，方便相关人员了解项目的进度，及时调整相应的工作速度。

下面以在"项目计划进度展示"工作簿中创建甘特图展示项目进度和当前所处的工作阶段为例介绍相关操作。

案例精解

制作公司项目进度图表

本节素材	◉/素材/Chapter06/项目计划进度展示.xlsx
本节效果	◉/效果/Chapter06/项目计划进度展示.xlsx

步骤01 打开"项目计划进度展示"素材文件，在A12和B12单元格中分别输入"当前日期"文本和"=TODAY()"公式，按【Enter】键确认，如图6-105所示。

步骤02 在F2和G2单元格中分别输入"已完成"和"未完成"文本，选择F3:F10单元格区域，在编辑栏中输入"=INT(IF($B$12>D3,C3,IF($B$12>B3,$B$12−B3)))"公式进行计算，选择G3:G10单元格区域，在编辑栏中输入"=C3−F3"公式，按【Ctrl+Enter】键进行计算，如图6-106所示。

图6-105　　　　　　　　　　　　图6-106

步骤03 选择B3:B10单元格区域，单击"开始"选项卡"数字"组中的"数字格式"下拉列表框右侧的下拉按钮，选择"常规"选项，如图6-107所示。

步骤04 同时选择A2:B10和F2:G10单元格区域，创建堆积条形图。双击"计划开始日"数据系列，在窗格中单击"填充与线条"按钮，选中"无填充"单选按钮，如图6-108所示。

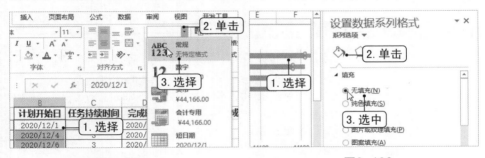

图6-107　　　　　　　　　　　　图6-108

步骤05 选择图表的垂直轴，在窗格中单击"坐标轴选项"按钮，在"坐标轴选项"栏中选中"逆序类别"复选框，如图6-109所示。

步骤06 选择图表的水平轴，在窗格中单击"坐标轴选项"按钮，在"坐标轴选项"栏中分别设置最小值为"44165"；最大值为"44196"，如图6-110所示。

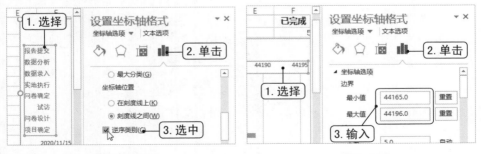

图6-109　　　　　　　　　　　　图6-110

步骤07 将B3:B10单元格区域的数字格式设置为"短日期"，并为数据系列设置相应的格式，为图表添加标题和图表背景，调整图例的显示位置后即可得到最终效果，如图6-111所示。

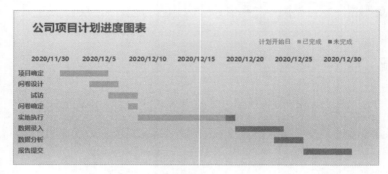

图6-111

知识延伸 | TODAY()、IF()和INT()函数说明

TODAY()函数用于返回当前日期，没有参数，但是"()"不能省略。

IF()函数是一种条件判断函数，其语法结构为：IF(logical_test,value_if_true,value_if_false)，其中，logical_test 表示计算结果为 TRUE 或 FALSE 的任意值或表达式；value_if_true表示 logical_test 为 TRUE 时返回的值；value_if_false表示 logical_test 为 FALSE 时返回的值。

INT()函数用于将一个要取整的实数（可以为数学表达式）向下取整为最接近的整数。它不是四舍五入，而是舍尾法，例如使用INT()函数对4.987数据取整，其返回值为4，而不是5。

6.2.6 制作突出头尾数据的条形图

在进行数据分析与展示的过程中，有时需要从较多的数据中仅展示前几位数据和后几位数据，中间的数据可以模糊处理，这时就可以通过制作特殊的条形图进行突出显示。

下面在"员工年终考核成绩分析"工作簿中创建条形图突出员工年终考核成绩的前4名和最后4名，以此为例介绍相关操作。

案例精解

制作条形图突出考核成绩中前后4名员工

本节素材	◎ /素材/Chapter06/员工年终考核成绩分析.xlsx
本节效果	◎ /效果/Chapter06/员工年终考核成绩分析.xlsx

步骤01 打开"员工年终考核成绩分析"素材文件，在工作表中添加两个辅助数据区域，一个用于拆分显示前4名和后4名员工的姓名和考核成绩，另一个用于在中间控制显示其他员工考核成绩的数据源，如图6-112所示。

步骤02 根据F1:H13单元格区域创建堆积条形图，复制K1:K49单元格区域，选择创建的图表，按【Ctrl+V】组合键将其添加到图表中，如图6-113所示。

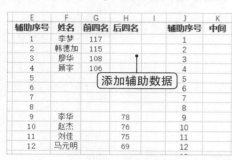

图6-112

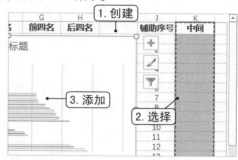

图6-113

步骤03 双击"中间"数据系列，在打开的窗格中单击"系列选项"按钮，选中"次坐标轴"单选按钮，如图6-114所示。

步骤04 选择图表，单击"图表元素"按钮，单击"坐标轴"选项右侧的展开按钮，选中"次要纵坐标轴"复选框，如图6-115所示。

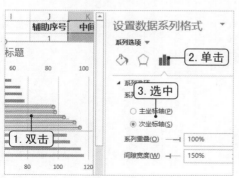

图6-114

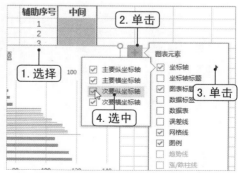

图6-115

步骤05 选择图表左侧的坐标轴，在打开的窗格中单击"坐标轴选项"按钮，选中"逆序类别"复选框，如图6-116所示。

步骤06 选择图表右侧的坐标轴，在打开的窗格中单击"坐标轴选项"按钮，选中"逆序类别"复选框，如图6-117所示。

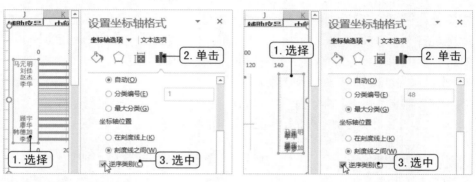

图6-116   图6-117

步骤07 将上下两个坐标轴的最小值和最大值都设置为0~120，然后删除横坐标轴和次要坐标轴，为图表添加数据标签，设置背景填充色和字体效果，即可查看最终效果，如图6-118所示。

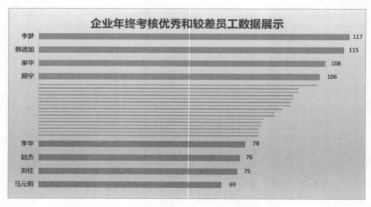

图6-118

第 ⑦ 章

构成分析，占比多少清晰直观

分析某个数据在多个数据中的占比情况是数据分析过程中比较常见的，通常用语言描述难以表述清楚时可以使用饼图或是圆环图进行展示。不仅如此，圆环图和饼图还能够进行其他方面的数据分析，例如完成率展示等。

● **用饼图分析数据占比**

- 在饼图中显示合计值
- 让饼图显示实际值而非百分比
- 分离饼图的某个扇区
- 突出显示饼图的边界
- 制作半圆形饼图
- 制作双层饼图
- 制作仪表盘图展示完成率

● **用圆环图分析数据占比**

- 创建半圆圆环图
- 在圆环图中显示系列名称
- 调整内环大小
- 更改圆环分离程度
- 制作多分类百分比圆环图
- 制作Wi-Fi信息图
- 制作多分类平衡圆环图

7.1 用饼图分析数据占比

在数据分析过程中，很多时候需要计算总费用或总人数中各组成部分的占比情况或构成情况，用户可以使用饼图工具，直接展示各组成部分的占比情况。

7.1.1 在饼图中显示合计值

通常用饼图来展示数据的构成和占比情况，都会在图表内或旁边显示百分比值或具体的值。那么，如果图表中只显示了百分比，为了精确计算出各部分的具体数值，就需要在图表中显示出合计值，方便图表使用者直观了解图表详情。

下面在"各年龄段人员分布情况"工作簿中为已经创建好的饼图图表绘制形状，根据数据源中提供的数据，添加公司人员合计值，以此为例介绍相关操作。

案例精解

在饼图中突出显示公司员工总数

本节素材	⊙/素材/Chapter07/各年龄段人员分布情况.xlsx
本节效果	⊙/效果/Chapter07/各年龄段人员分布情况.xlsx

步骤01 打开"各年龄段人员分布情况"素材文件，单击"插入"选项卡"插图"组中的"形状"下拉按钮，在弹出的下拉菜单中选择"椭圆"选项，准备插入形状，如图7-1所示。

步骤02 在饼图上按住【Shift】键，同时按住鼠标左键绘制一个正圆形形状，如图7-2所示。

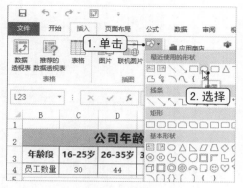

图7-1

图7-2

步骤03 选择绘制的形状，在"绘图工具 格式"选项卡"形状样式"组中的样式列表框中选择"彩色轮廓-水绿色，强调颜色5"形状样式，为插入的圆形设置合适的样式，如图7-3所示。

步骤04 选择绘制的形状，右击，在弹出的快捷菜单中选择"编辑文字"命令，如图7-4所示。

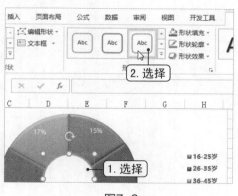

图7-3

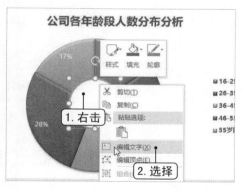

图7-4

步骤05 系统自动将文本插入点定位到形状内部，此时直接输入"总人数196人"文本，拖动形状四角上的控制点调整形状大小，使文字合理显示，为文本设置"微软雅黑，14，加粗"的字体格式，设置字体对齐方式为居中，如图7-5所示。

步骤06 按住【Ctrl】键同时选择饼图和绘制的形状，单击"绘图工具 格式"选项卡"排列"组中的"组合"下拉按钮，在弹出的下拉列表中选择"组合"选项将两个部分组合，如图7-6所示。

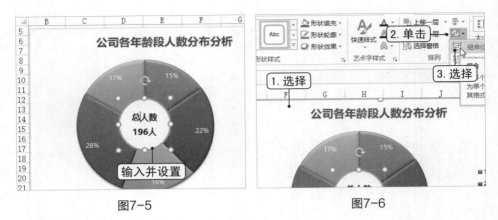

图7-5　　　　　　　　　　　　　图7-6

步骤07 设置完成后即可查看最终效果，如图7-7所示。

图7-7

7.1.2　让饼图显示实际值而非百分比

在实际使用饼图的过程中，通常会通过饼图展示各部分与整体之间的占比情况。但是，在特殊情况下可能需要数据标签显示实际值，这就需要掌握相应的操作方法。

以前面案例中的图表为例，将其中以百分比显示的各年龄段人数的百分比更改为显示具体的人数，以此为例讲解操作。

直接在图表中右击数据标签，在弹出的快捷菜中选择"设置数据标签格式"命令，在打开的"设置数据标签格式"窗格中单击"标签选项"按钮，展开"标签选项"栏，选中"值"复选框，取消选中"百分比"复选框即可更改数据标签的显示效果，如图7-8所示。

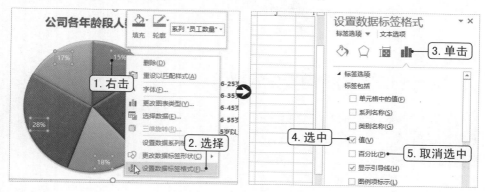

图7-8

完成后的最终效果如图7-9所示。需要注意的是，在"设置数据标签格式"窗格中进行设置时，不能先取消选中"百分比"复选框，否则系统默认取消图表的数据标签。

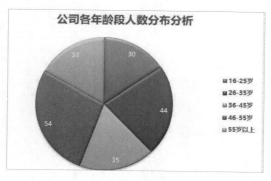

图7-9

7.1.3 分离饼图的某个扇区

通过饼图展示分析数据时，不仅可以将各个数据系列的数值或占比显示出来，从而展示数据的大小，还可以将某个特殊的数据系列进行分离，从而起到强调的作用。

例如，在"突出显示日常开支最少的部门"工作簿中已经创建好了饼图图表，现在需要将公司中日常开销最小的数据系列进行分离，从而起到突出显示的作用，以此为例介绍相关操作。

案例精解

突出显示日常开销费用最少的部门

本节素材	◎/素材/Chapter07/突出显示日常开支最少的部门.xlsx
本节效果	◎/效果/Chapter07/突出显示日常开支最少的部门.xlsx

步骤01 打开"突出显示日常开支最少的部门"素材文件，选择数据源中的B3:B10单元格区域，单击"开始"选项卡"样式"组中的"条件格式"下拉按钮，选择"项目选取规则/其他规则"命令，如图7-10所示。

步骤02 在打开的"新建格式规则"对话框中单击"编辑规则说明"栏中的下拉按钮，选择"后"选项，在右侧的文本框中输入"1"，突出显示最小数据，单击"格式"按钮，如图7-11所示。

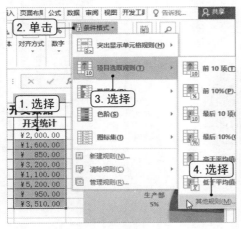

图7-10

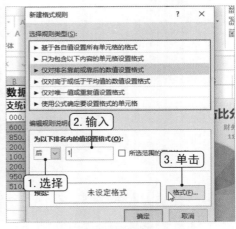

图7-11

步骤03 在打开的"设置单元格格式"对话框中单击"填充"选项卡选择一种合适的填充色，如图7-12所示，然后依次单击"确定"按钮，返回工作表即可查看最小值所在单元格已经被突出显示了。

步骤04 双击选择图表中最小值对应的数据系列，右击，在弹出的快捷菜单中选择"设置数据点格式"命令，如图7-13所示。

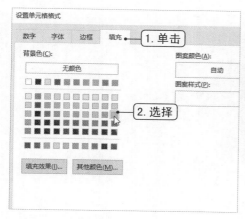

图7-12

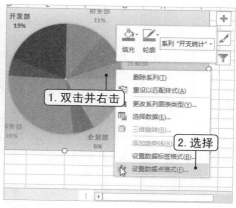

图7-13

步骤05 在打开的"设置数据点格式"窗格中单击"系列选项"按钮，在"点爆炸型"参数框中输入"30%"文本，完成扇区分离操作，单击"关闭"按钮关闭窗格，如图7-14所示。

步骤06 在工作表中即可查看到最小值对应的数据系列已经和饼图分离，起到突出显示的作用，如图7-15所示。

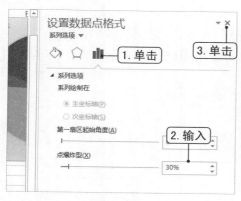

图7-14

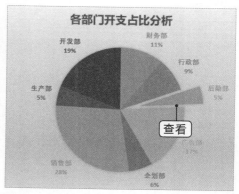

图7-15

除了这里介绍的在窗格中对相关数据进行精细化设置外，还有另一种方法设置数据系列分离，即手动调整数据系列。双击图表中的最小的数据系列将其单独选择，然后按住鼠标左键向外拖动数据系列，即可将其从饼图中分离出来，如图7-16所示。

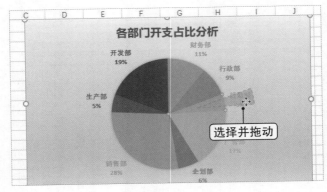

图7-16

7.1.4　突出显示饼图的边界

对于二维饼图而言，如果没有为每一个扇区添加对应的数据标签标明其指代的对象，将其打印出来可能因为颜色相近或是打印效果不佳，导致难以区分各个扇区，这时就可以突出显示图表的边界，方便直观查看和区分各个扇区。

例如，在"新品上市铺货占比分析"工作簿已经创建好了展示铺货占比的饼图，现在需要突出显示饼图的边界，从而起到突出各个数据系列的效果，以此为例介绍相关操作。

案例精解

突出显示饼图的各个扇区

本节素材	◎/素材/Chapter07/新品上市铺货占比分析.xlsx
本节效果	◎/效果/Chapter07/新品上市铺货占比分析.xlsx

步骤01 打开"新品上市铺货占比分析"素材文件，选择图表中的数据系列，单击"图表工具 格式"选项卡，如图7-17所示。

步骤02 在其中的"形状样式"组中单击"形状效果"下拉按钮，在弹出的下拉菜单中选择"棱台"命令，在其子菜单中选择"圆"选项即可为数据系列设置边界，如图7-18所示。

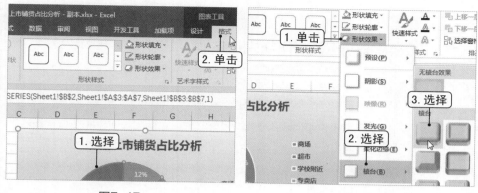

图7-17　　　　　　　　　　　　　　　　　　　　图7-18

步骤03 完成设置后即可查看最终的图表效果，如图7-19所示。

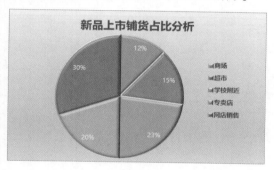

图7-19

需要注意的是，在设置棱台效果时一定要选择数据系列，如果仅选择图表，那么效果就会设置给图表而不是数据系列。

7.1.5　制作半圆形饼图

数据分析结果都是为了制作数据分析报告，供他人使用，在报告制作过程中有时为了版式美观，不能使用完整的饼图，而是使用的半圆形饼图，半圆饼图是如何制作的呢？

下面以在"某站点用户访问来源分析"工作簿中根据已给出的网站访问来源数据创建半圆饼图展示网站访问数据为例介绍相关操作。

案例精解

制作半圆饼图展示网站用户访问来源

本节素材	◎/素材/Chapter07/某站点用户访问来源分析.xlsx
本节效果	◎/效果/Chapter07/某站点用户访问来源分析.xlsx

步骤01 打开"某站点用户访问来源分析"素材文件，选择A2:B8单元格区域，插入饼图，如图7-20所示。

步骤02 在饼图的数据系列上右击，在弹出的快捷菜单中选择"设置数据系列格式"命令，如图7-21所示。

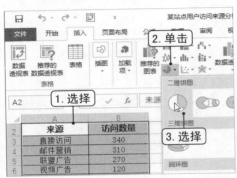

图7-20

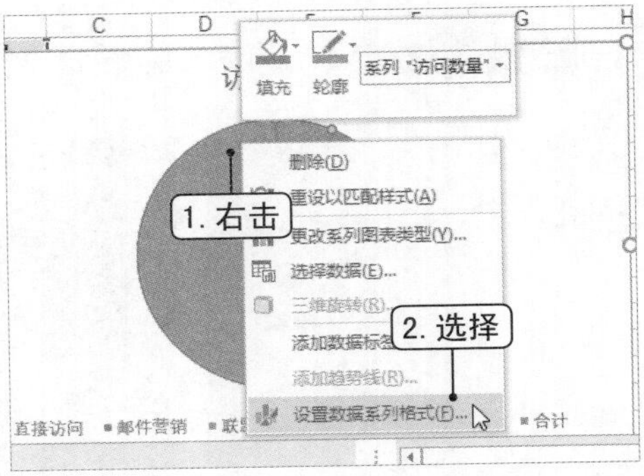

图7-21

步骤03 在打开的"设置数据系列格式"窗格中单击"系列选项"按钮，在"第一扇区起始角度"数值框中输入"270"，如图7-22所示。

步骤04 选择图表，单击"图表元素"按钮，单击"数据标签"选项右侧的展开按钮，选择"更多选项"命令，如图7-23所示。

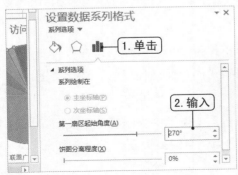

图7-22

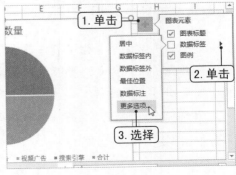

图7-23

步骤05 在打开的"设置数据标签格式"窗格中单击"标签选项"按钮，在"标签选项"栏中仅选中"类别名称""百分比"和"显示引导线"复选框，如图7-24所示。

步骤06 删除"合计"数据系列的标签，仅选择"合计"数据系列，单击"图表工具格式"选项卡"形状样式"组中的"形状填充"按钮右侧的下拉按钮，选择"无填充颜色"选项，如图7-25所示。

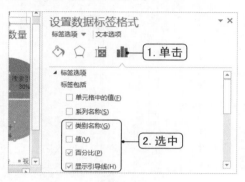

图7-24

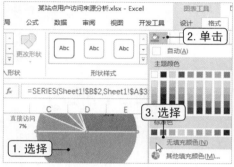

图7-25

步骤07 选择所有数据系列，单击"形状轮廓"按钮右侧的下拉按钮，在弹出的下拉菜单中设置白色轮廓，粗细为2.25磅，如图7-26所示。

步骤08 保持数据系列的选择状态，单击"形状效果"下拉按钮，在弹出的下拉菜单中选择"阴影"命令，在其子菜单中选择"右下斜偏移"选项，如图7-27所示。最后单独取消"合计"数据系列的阴影效果。

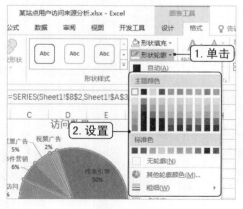

图7-26

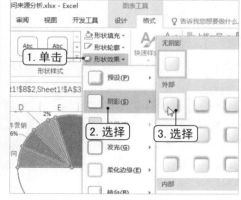

图7-27

步骤09 删除图例，将数据标签拖动到图表合适的位置，修改图表标题，为图表标题和数据标签设置合适的字体格式，其最终效果如图7-28所示。

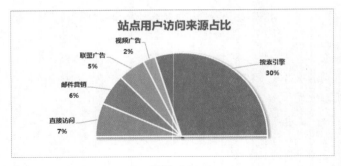

图7-28

7.1.6　制作双层饼图

通常情况下，饼图主要用来展示一组数据中各组成部分的占比情况，而对于多组数据则通常用圆环图。那么用饼图能否实现多组数据的展示呢？答案是肯定的。

这里介绍通过制作双层饼图的方式，将两组数据展示出来，形成一种叠加效果。

下面在"家用电器利润统计表"工作簿中根据已给出的家用电器利润数据创建饼图，制作一个双层饼图，突出显示两组数据，以此为例介绍相关操作。

案例精解
制作双层饼图展示家用电器利润

本节素材	◉/素材/Chapter07/家用电器利润统计表.xlsx
本节效果	◉/效果/Chapter07/家用电器利润统计表.xlsx

步骤01 打开"家用电器利润统计表"素材文件，在D3、D6、D8和D11单元格中分别汇总利润数据，选择产品列和合计列数据，单击"插入"选项卡"图表"组中的"插入饼图或圆环图"下拉按钮，选择"饼图"选项，如图7-29所示。

步骤02 在创建的饼图上右击，在弹出的快捷菜单中选择"选择数据"命令，如图7-30所示。

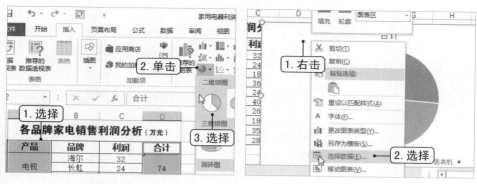

图7-29　　　　　　　　　　　　　图7-30

步骤03 在打开的"选择数据源"对话框中单击"添加"按钮，在打开的"编辑数据系列"对话框的"系列名称"参数框中选择C2单元格，在"系列值"参数框中选择C3:C12单元格区域，依次单击"确定"按钮，如图7-31所示。

步骤04 选择图表的数据系列，按【Ctrl+1】组合键打开"设置数据系列格式"窗格，单击"系列选项"按钮，选中"次坐标轴"单选按钮，在"饼图分离程度"数值框中输入"80"，如图7-32所示。

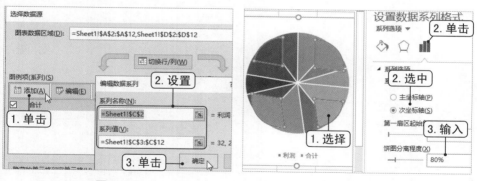

图7-31　　　　　　　　　　　　　图7-32

步骤05 单独选择出现分离的任意一个数据系列，在"设置数据点格式"窗格的"系列选项"栏中的"点爆炸型"数值框中将数值设置为"0"，如图7-33所示。用同样的方法设置其他3个数据系列。

步骤06 再次打开"选择数据源"对话框，选择左侧列表框中的"利润"选项，单击右侧栏中的"编辑"按钮，在打开的"轴标签"对话框中选择B3:B12单元格区域，依次单击"确定"按钮，如图7-34所示。

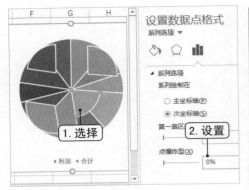
图7-33

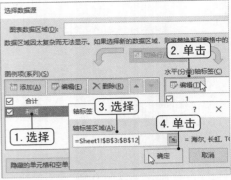
图7-34

步骤07 选择图表，单击右侧的"图表元素"按钮，在打开的面板中单击"数据标签"选项右侧的展开按钮，在弹出的菜单中选择"更多选项"命令打开对应的窗格，如图7-35所示。

步骤08 选择"利润"数据系列对应的数据标签，单击"标签选项"按钮，展开"标签选项"栏，仅选中"类别名称""百分比"和"显示引导线"复选框，如图7-36所示。

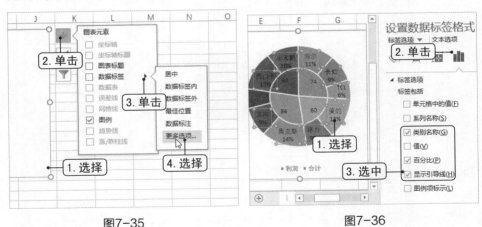

图7-35　　　　　　　　　　　　图7-36

步骤09 选择"合计"数据系列对应的数据标签，用同样的方法进行设置，仅选中"类别名称""值"和"显示引导线"复选框，如图7-37所示。

步骤10 删除图表的图例，分别为"合计"数据系列设置较深的颜色，为其对应的"利润"数据系列设置同色系较浅的颜色，如图7-38所示。

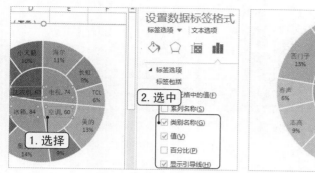

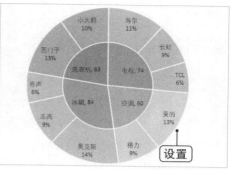

| 图7-37 | 图7-38 |

步骤11 为图表设置图表标题，为图表标题和数据标签设置合适的字体格式，其最终效果，如图7-39所示。

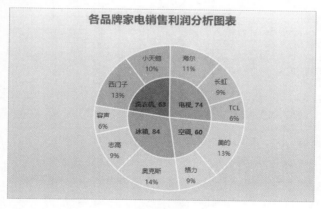

图7-39

7.1.7 制作仪表盘图展示完成率

用户在某些网站或是数据分析报告中可能见到过通过类似仪表盘的图表展示数据，感觉十分新颖、美观。其实其原理十分简单，在Excel中即可轻松实现。

下面以在"仪表盘效果展示完成率"工作簿中根据已经给出的仪表盘制作一个仪表盘图展示完成率数据（完成率限制在仪表盘的显示范围，即0~160%）为例介绍相关操作。

案例精解

制作仪表盘图展示完成率

本节素材 ◎/素材/Chapter07/仪表盘效果展示完成率.xlsx
本节效果 ◎/效果/Chapter07/仪表盘效果展示完成率.xlsx

步骤01 打开"仪表盘效果展示完成率"素材文件，选择C2单元格，在编辑栏中输入
"=RANDBETWEEN(1,160)/100"公式，按【Ctrl+Enter】组合键计算结果，如图7-40所示。

步骤02 在B3、B4单元格分别输入"指针"和"占位"文本，在C3单元格输入"1%"，
选择C4单元格，在编辑栏输入"=1.6/(270/360)-C2"公示，按【Ctrl+Enter】组合键进行
计算，如图7-41所示。

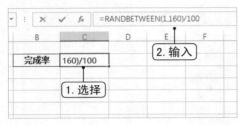

图7-40

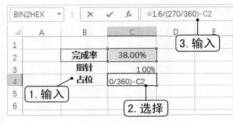

图7-41

步骤03 选择B2:C4单元格区域，单击"插入"选项卡"图表"组中的"插入饼图或圆
环图"下拉按钮，选择"饼图"选项创建图表，如图7-42所示。

步骤04 选择图表的数据系列，按【Ctrl+1】组合键打开"设置数据系列格式"窗格，
单击"系列选项"按钮，在"第一扇区起始角度"数值框中输入"225°"，如图7-43所
示。（因为当完成率为0时，指针应指向表盘的0刻度，即225°左右）

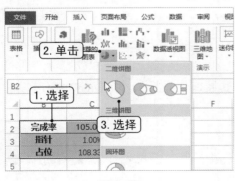

图7-42

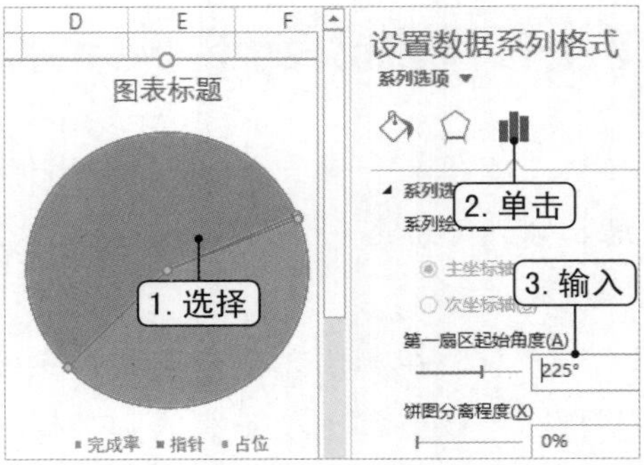

图7-43

步骤05 分别选择"完成率"和"占位"数据系列，设置无填充效果，无边框效果，选

择"指针"数据系列，在窗格中单击"填充与线条"按钮，在"填充"栏中选中"纯色填充"单选按钮，设置填充颜色，如图7-44所示。

步骤06 展开"边框"栏，选中"实线"单选按钮，设置边框的填充色与形状的填充色相同，如图7-45所示。

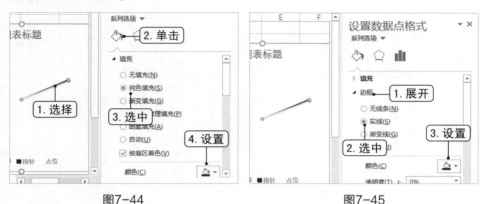

图7-44   图7-45

步骤07 选择工作表中的表盘，按【Ctrl+X】组合键进行剪切，选择图表的绘图区，按【Ctrl+V】组合键进行粘贴，然后调整表盘的大小和位置，使指针能够指向正确的刻度，如图7-46所示。

步骤08 保持图表的选择状态，单击"图表元素"按钮，在打开的面板中取消选中"图例"复选框，如图7-47所示。

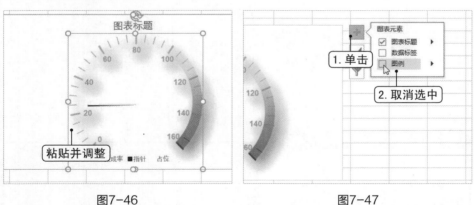

图7-46   图7-47

步骤09 选择图表，单击"插入"选项卡"插图"组中的"形状"下拉按钮，在弹出的下拉列表中选择"文本框"选项，如图7-48所示。

步骤10 在图表中的表盘底部位置绘制一个文本框，程序自动将文本插入点定位到其中，在编辑栏中输入"=Sheet1!$C$2"公式，按【Ctrl+Enter】组合键引用数据，如图7-49所示。

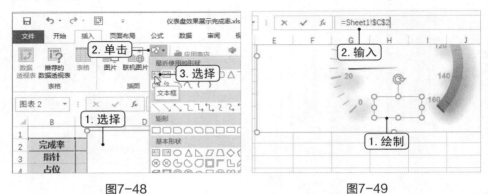

图7-48   图7-49

▶ **步骤11** 删除图表标题文本框，设置底部添加的文本框中的字体格式，为图表添加合适的背景填充，其最终效果如图7-50所示。

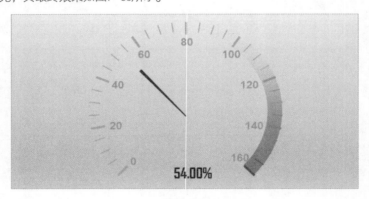

图7-50

🎯 **知识延伸｜公式函数使用说明**

RANDBETWEEN()函数用于返回大于等于指定的最小值，小于等于指定的最大值之间的一个随机整数。每次执行计算时都将返回一个新的数值。其语法结构为：RANDBETWEEN（bottom,top），两个参数分别指定最小值和最大值。

本例中的刻度最大为160，即160%等于1.6，且指针有90°的区域不能到达，因此可用区域为270°，因此通过"=1.6/(270/360)-C2"公式即可计算出创建饼图所需的占位数据。

7.2 用圆环图分析数据占比

与饼图相似，圆环图也可以用来显示部分与整体之间的关系。不同的是，圆环图可以展示多个数据系列。在圆环图中，每一个圆环代表一个数据系列，如以百分比显示，则每个圆环总计为100%。

7.2.1 创建半圆圆环图

在有的情况下，为了实际需要可能需要创建半圆形圆环图来进行数据分析，从而给用户带来更加直观的视觉效果，直观了解其中各部分数据的具体情况。

半圆圆环图与半圆饼图的创建方法相似，都是通过求出合计数据并在图表中展示，再取消其填充色，达到最终效果。

下面在"员工年度考核成绩展示"工作簿中根据已经给出的员工考核数据求出合计数据，并在此基础上创建半圆形圆环图，以此为例介绍相关操作。

案例精解
创建半圆环图展示员工考核成绩

本节素材	◎/素材/Chapter07/员工年度考核成绩展示.xlsx
本节效果	◎/效果/Chapter07/员工年度考核成绩展示.xlsx

步骤01 打开"员工年度考核成绩展示"素材文件，在G2单元格中输入"总计"，选择G3单元格，单击"公式"选项卡"函数库"组中的"自动求和"按钮，按【Ctrl+Enter】组合键计算，如图7-51所示。

步骤02 选择A2:G3单元格区域，单击"插入"选项卡"图表"组中的"插入饼图或圆环图"下拉按钮，选择"圆环图"选项创建图表，如图7-52所示。

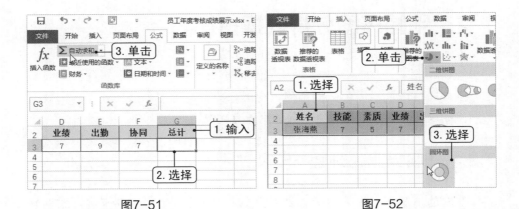

图7-51   图7-52

步骤03 双击图表中的数据系列，在打开的"设置数据系列格式"窗格中单击"系列选项"按钮，在"第一扇区起始角度"数值框中输入"270°"，如图7-53所示。

步骤04 再次单击"总计"数据系列将其单独选择，在"设置数据点格式"窗格中单击"填充与线条"按钮，分别在展开的"填充"和"边框"栏中选中"无填充"单选按钮和"无线条"单选按钮，如图7-54所示。

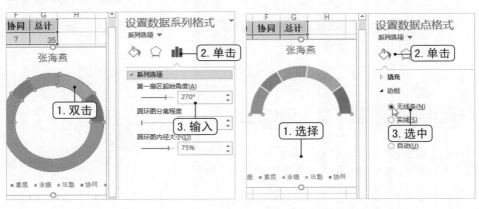

图7-53   图7-54

步骤05 依次分别单独选择其他数据系列，设置合适的填充色，并在"图表工具 格式"选项卡"形状样式"组中的"形状效果"下拉菜单中设置阴影效果为向下斜偏移，如图7-55所示。

步骤06 为图表的数据系列添加数据标签，选择数据标签，在打开的窗格中单击"标签选项"按钮，在"标签选项"栏中选中"类别名称"复选框，并设置标签填充色为白色，如图7-56所示。

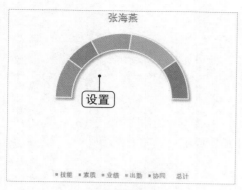

图7-55

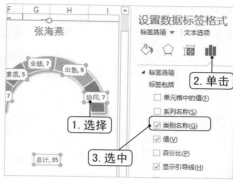

图7-56

步骤07 修改图表标题，删除图例和"总计"数据系列对应的数据标签，将图表标题移动到合适的位置，设置字体格式后即可查看最终效果，如图7-57所示。

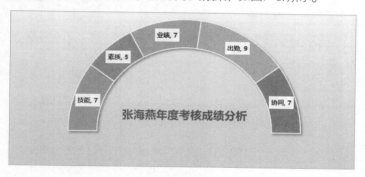

图7-57

7.2.2 在圆环图中显示系列名称

对于多层圆环图，图表的图例只会显示各圆环中数据系列的名称，但是不会显示每一个圆环的名称。要在圆环图中显示系列名称应该如何操作呢？

下面以在"一季度各部门销售业绩汇总"工作簿中在已创建的图表中添加对应的系列名称为例介绍相关操作。

展示一季度各分部的销售情况

本节素材	◎/素材/Chapter07/一季度各部门销售业绩汇总.xlsx
本节效果	◎/效果/Chapter07/一季度各部门销售业绩汇总.xlsx

步骤01 打开"一季度各部门销售业绩汇总"素材文件，选择图表，单击"插入"选项卡"插图"组中的"形状"下拉按钮，在弹出的下拉列表中选择"文本框"选项，如图7-58所示。

步骤02 在图表合适的位置绘制文本框，文本插入点自动定位到文本框中，在编辑栏中输入"="，选择A3单元格，按【Ctrl+Enter】组合键确认，如图7-59所示。

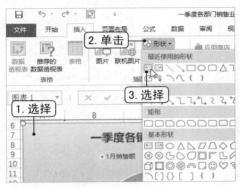

图7-58

图7-59

步骤03 用同样的方法绘制两个文本框，分别引用A4和A5单元格的内容，然后为文本框内容设置字体格式，如图7-60所示。

步骤04 在"形状"下拉列表中选择"肘形连接符"选项，在图表中绘制连接线，将系列名称和对应的数据系列连接起来，选择绘制的连接符，在"绘图工具 格式"选项卡"形状样式"组中设置连接线颜色进行区分，如图7-61所示。

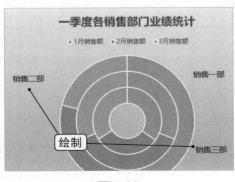

图7-60

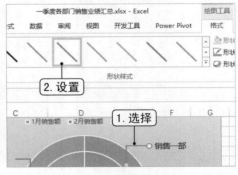

图7-61

步骤05 用同样的方法设置另外两根连接线，完成后即可查看最终的图表效果，如图7-62所示。

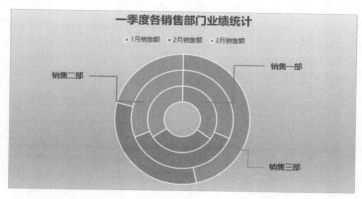

图7-62

7.2.3 调整内环大小

默认情况下创建的圆环图，其内部半径都比较大，这就会导致圆环的数据系列宽度较小，添加数据标签后会导致数据标签太过拥挤，不方便查看标签内容，如图7-63左所示。

要解决这一问题，可以调整圆环内径大小。首先在圆环的数据系列上右击，选择"设置数据系列格式"命令，在打开的窗格中单击"系列选项"按钮，在"圆环图内径大小"数值框中输入比当前数据小的值，即可缩小圆环内径，如这里输入"35%"，如图7-63所示。

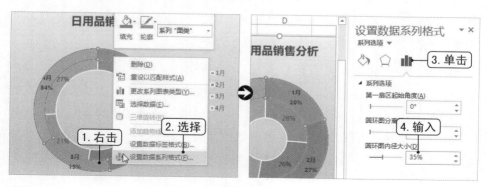

图7-63

知识延伸 | 圆环内径大小的设置说明

　　圆环的内径大小最小可以设置为0，圆环内径则会消失。如果是单层的圆环，将圆环的内径大小设置为0，圆环的外形就变为了饼图，如图7-64左所示；如果是多层的圆环，将圆环的内径大小设置为0，圆环的外形就变为了一个饼图和多个圆环图的组合形状，如图7-64右所示。

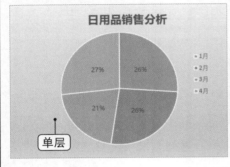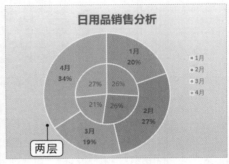

图7-64

7.2.4　更改圆环分离程度

　　在一些分析报告或商业报刊中，经常可以看到不同分离程度的圆环图。与饼图相似，圆环图默认情况下是不分离的，然而在特殊情况下可以将圆环图进行分离，例如圆环的颜色相近或是需要强调最外侧一环的数据系列等，都可以设置圆环图分离。

　　设置圆环图分离程度，可以设置最外圈所有数据系列分离，也可以单独设置最外圈某一个数据系列的分离程度。

　　这里以设置最外圈所有数据系列的分离程度为例进行介绍。首先在圆环的数据系列上右击，选择"设置数据系列格式"命令，在打开的窗格中单击"系列选项"按钮，在"圆环图分离程度"栏中向右拖动滑块即可调整分离程度，或是在数值框中输入分离程度数值即可，这里直接输入"20%"，如图7-65所示。

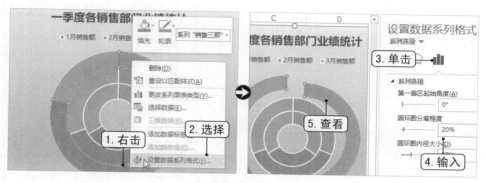

图7-65

　　由于圆环图只能设置最外层圆环分离，因此要设置内部圆环分离，只能通过辅助系列实现。在圆环图数据源的每个数据系列之间插入空白行，选择图表，单击"图表工具 设计"选项卡"数据"组中的"选择数据"按钮，在打开的对话框中将插入的辅助系列添加到"图例项（系列）"栏中，如图7-66所示，单击"确定"按钮即可。

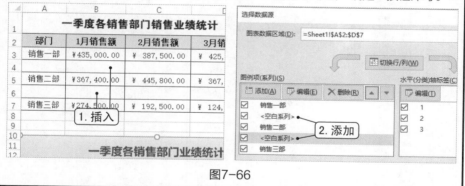

图7-66

7.2.5　制作多分类百分比圆环图

　　在通过圆环图进行数据展示时，不仅可以展示数据的占比情况，还可以通过圆环展示多个数据占比的变化情况，例如展示连续几年企业销售业绩的进展情况，分析企业发展是否健康等。

下面在"各年度企业目标完成率分析"工作簿中根据连续5年内的企业目标完成率数据创建圆环图，展示逐年企业目标完成率变化情况，以此为例介绍相关操作。

案例精解

展示各年企业目标完成率发展情况

本节素材	⊙/素材/Chapter07/各年度企业目标完成率分析.xlsx
本节效果	⊙/效果/Chapter07/各年度企业目标完成率分析.xlsx

步骤01 打开"各年度企业目标完成率分析"素材文件，在E1单元格中输入"辅助"文本，选择E2:E6单元格区域，在编辑栏中输入"=1-D2"公式，按【Ctrl+Enter】组合键计算，如图7-67所示。

步骤02 选择D1:E6单元格区域，单击"插入"选项卡"图表"组中的"插入饼图或圆环图"下拉按钮，选择"圆环图"选项创建图表，如图7-68所示。

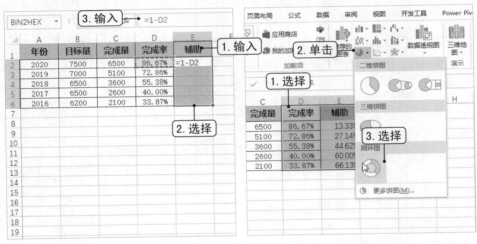

图7-67　　　　　　　　　　　　　图7-68

步骤03 选择插入的图表，在"图表工具 设计"选项卡"数据"组中单击"切换行/列"按钮，如图7-69所示。

步骤04 选择图表中的数据系列，按【Ctrl+1】组合键，在打开的"设置数据系列格式"窗格中单击"系列选项"按钮，在"第一扇区起始角度"数值框中输入"180°"，在"圆环图内经大小"数值框中输入"25%"，如图7-70所示。

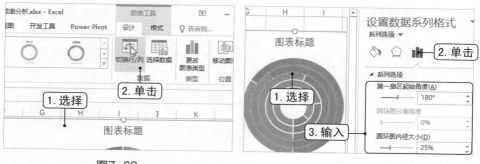

图7-69

图7-70

步骤05 为"完成率"数据系列设置合适的填充色，取消"辅助"数据系列的填充色和边框，如图7-71所示。

步骤06 删除图例，通过绘制文本框的方式注明每一个圆环的年份，如图7-72所示。

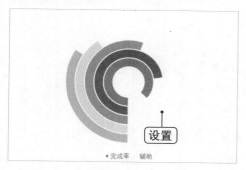

图7-71

图7-72

步骤07 完成后为图表添加合适的标题和图表背景色，最终效果如图7-73所示。

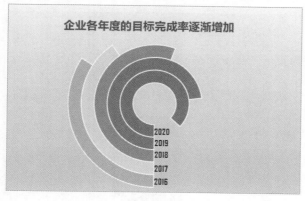

图7-73

7.2.6 制作Wi-Fi信息图

Wi-Fi图是一种再熟悉不过的图形，在Excel中也可以通过圆环图制作Wi-Fi信号图，对数据进行展示分析。

下面在"企业各部门招聘完成率统计"工作簿中根据给出的企业各部门招聘完成率数据创建圆环图，展示各部门目标完成率变化情况，以此为例介绍相关操作。

案例精解

制作Wi-Fi图展示招聘完成率

本节素材	◎/素材/Chapter07/企业各部门招聘完成率统计.xlsx
本节效果	◎/效果/Chapter07/企业各部门招聘完成率统计.xlsx

步骤01　打开"企业各部门招聘完成率统计"素材文件，在C1和D1单元格分别输入表头文本，选择C2:C6单元格用"=1-B2"公式录入数据；选择D2:D6单元格，输入"=(360-120)/120"公式，按【Ctrl+Enter】组合键计算，选择"完成率"列任意单元格，单击"数据"选项卡"排序和筛选"组中的"升序"按钮，如图7-74所示。

步骤02　选择A1:D6单元格区域，以此为数据源创建圆环图，如图7-75所示。

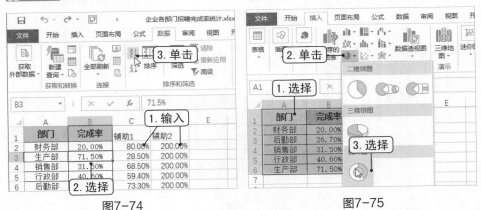

图7-74　　　　　　　　　　　　　　图7-75

步骤03　选择插入的图表，在"图表工具 设计"选项卡"数据"组中单击"切换行/列"按钮，如图7-76所示。

步骤04　选择图表中的数据系列，按【Ctrl+1】组合键，在打开的"设置数据系列格式"窗格中单击"系列选项"按钮，在"第一扇区起始角度"数值框中输入"300°"，在"圆环图内径大小"数值框中输入"30%"，如图7-77所示。

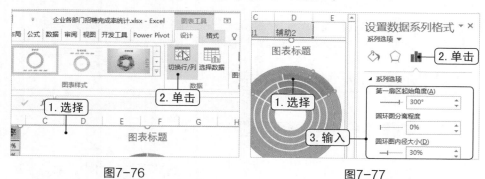

图7-76   图7-77

步骤05 为"完成率"和"辅助1"数据系列设置合适的填充色，取消"辅助2"数据系列的填充色和边框，如图7-78所示。

步骤06 删除图例，为图表添加合适的数据标签，在圆环图中心位置绘制圆形，并设置合适的填充色，如图7-79所示。

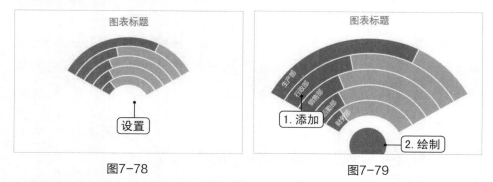

图7-78   图7-79

步骤07 完成后为图表添加合适的标题和图表背景色，最终效果如图7-80所示。

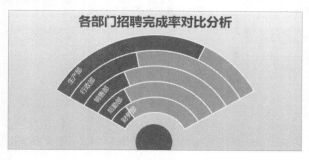

图7-80

知识延伸｜案例公式说明

　　本节中制作的Wi-Fi效果图要求"完成率"和"辅助1"数据系列在圆环图中占1/3的大小，即120°，根据数据占比与角度占比相等原则，可得：120°／（360°－120°）＝（完成率+辅助1）/辅助2，其中"完成率+辅助1"的值固定为100%，则可以求得"辅助2"为200%，也就是上述中的公式求得的结果。

7.2.7　制作多分类平衡圆环图

　　分类平衡圆环图与前面介绍的多分类百分比圆环图有些相似，都是通过圆环图来对比展示数据。不同的是，多分类平衡圆环图要求制作出的圆环图呈竖直轴对称。

　　要实现这个效果就要求圆环由3个部分组成，两侧相等的数据系列和要显示的主要数据系列。这样的圆环图外形美观，能够给用户留下较为深刻的印象。

　　下面在"各年度市场扩展完成率统计"工作簿中根据给出的企业各年度市场扩展完成情况创建多分类平衡圆环图进行数据展示，以此为例介绍相关操作。

案例精解
制作多分类平衡圆环图展示市场扩展完成率

本节素材	◉/素材/Chapter07/各年度市场扩展完成率统计.xlsx
本节效果	◉/效果/Chapter07/各年度市场扩展完成率统计.xlsx

步骤01 打开"各年度市场扩展完成率统计"素材文件，首先根据"完成率"字段对数据源进行升序排列，然后在D～F列添加辅助数据列，其中的空行和文本"1"是为图表设置分离间隔，如图7-81所示。

步骤02 选择D1:F12单元格区域，以此为数据源创建圆环图，如图7-82所示。

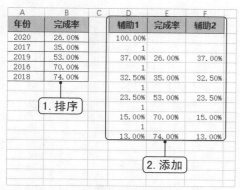

图7-81

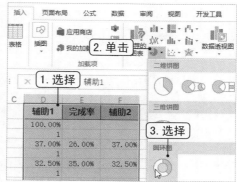

图7-82

步骤03 选择插入的图表，在"图表工具 设计"选项卡"数据"组中单击"切换行/列"按钮，如图7-83所示。

步骤04 选择图表中的数据系列，按【Ctrl+1】组合键，在打开的"设置数据系列格式"窗格中单击"系列选项"按钮，在"第一扇区起始角度"数值框中输入"180°"，在"圆环图内径大小"数值框中输入"20%"，如图7-84所示。

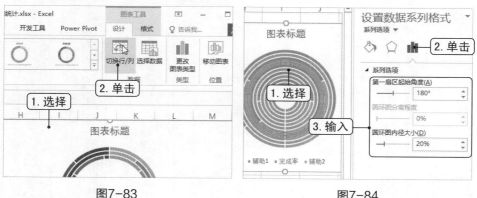

图7-83   图7-84

步骤05 为"完成率"数据系列和"辅助1"中的100%数据系列设置合适的填充色，取消其他所有数据系列的填充色和边框，如图7-85所示。

步骤06 删除图例，在图表左上角绘制两个文本框，分别引用数据源中2020年的年份和完成率数据，为年份文本框设置填充色与图表中对应年份数据系列的填充色相同，并为两个文本框中的文本设置合适的字体格式，如图7-86所示。

图7-85

图7-86

【**步骤07**】复制这两个文本框，分别引用2016年～2019年的年份数据和对应的完成率数据，设置合适的字体格式，并将年份对应的填充色设置为图表中对应数据系列的颜色，如图7-87所示。

【**步骤08**】为图表设置合适的标题，为图表设置合适的背景填充色，即可完成设置，最终效果如图7-88所示。

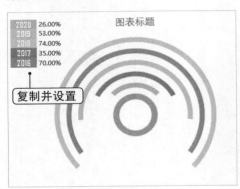

图7-87

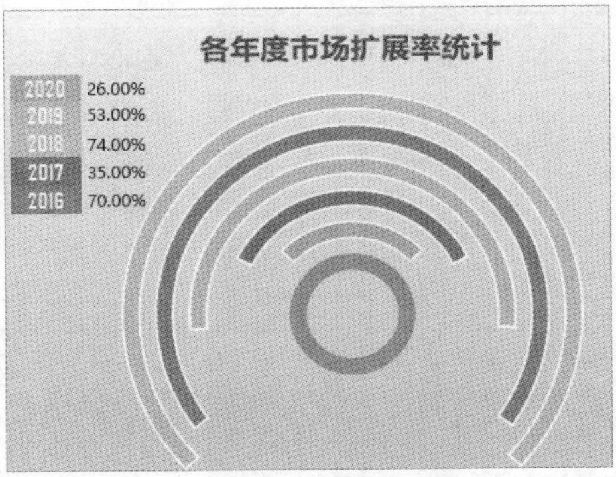

图7-88

第8章

趋势分析，升降变化快速掌握

数据的变化趋势是数据分析的重要研究内容。通过对一组数据的趋势变化情况进行研究，可以对数据在一段时间内的增减情况进行判断，以及对未来趋势变化的预测提供数据支持。本章将具体介绍在Excel图表中，利用折线图和面积图进行趋势分析需要掌握的操作方法和技巧。

● 用折线图分析数据趋势

- 突出预测数据
- 让折线图中的时间点更易辨识
- 借助折线图自动添加目标参考线
- 多段式折线图的快速制作

● 用面积图分析数据趋势

- 指定系列的绘制顺序
- 使用透明效果处理遮挡问题
- 处理交叉面积图的数据展示

8.1　用折线图分析数据趋势

在Excel图表中，折线图主要是通过折线的波动情况来展现数据的变化趋势，它是分析数据趋势最常见的图表类型。在本节中将介绍折线图的具体应用，以及一些常见的折线图处理技巧。

8.1.1　突出预测数据

我们知道在进行数据分析时，对于未来数据的预测，图表中的分类坐标轴上的时间会有"E"的标识。如图8-1所示，2020年～2022年的分类标签上都有"E"，这表示2019年之前的图表数据是实际数据，而2020年～2022年的数据是预测的数据。

图8-1

虽然在这个图表中，通过数据分类标签的细节处理对真实数据和预测数据进行了区别，但是从图表上查看并不直观。因为默认的柱形图和折线图，同一数据系列的格式是相同的。

为了更好地将真实数据与预测数据区分开，可以通过单独为预测数据对应的数据标记形状设置不同的效果来达到目的。

对于柱形图中预测数据点对应的柱形形状，可以为其设置虚线的图案填充效果进行区别，相关操作见4.1.3节。而折线图则可以通过设置预测数据对应折线的虚线效果来进行区别，下面通过具体的实例进行介绍。

例如，在图8-2的"公司盈利同比增长率分析与预测"图表中，通过查阅图表的分类坐标轴可以发现，2012年～2021年的盈利同比增长率为真实值，而之后的盈利同比增长率数据是预测值。

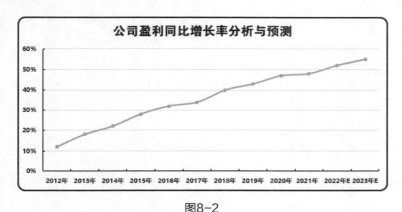

图8-2

现在需要通过设置让需要预测年份的盈利同比增长率的数据在折线图中以虚线显示，从而达到预测数据的表达效果，其具体操作如下。

案例精解

突出显示公司预测的盈利同比增长率数据

本节素材	◎/素材/Chapter08/公司盈利同比增长率分析与预测.xlsx
本节效果	◎/效果/Chapter08/公司盈利同比增长率分析与预测.xlsx

步骤01 打开"公司盈利同比增长率分析与预测"素材文件，在折线图图表中两次单击2021年对应的数据点将其选中，双击该数据点打开"设置数据点格式"任务窗格，如图8-3所示。

步骤02 单击"填充与线条"按钮，展开线条对应的"线条"栏，在其中单击"颜色"下拉按钮，在弹出的下拉列表中选择"红色"选项更改预测数据对应折线段的颜色，如图8-4所示。

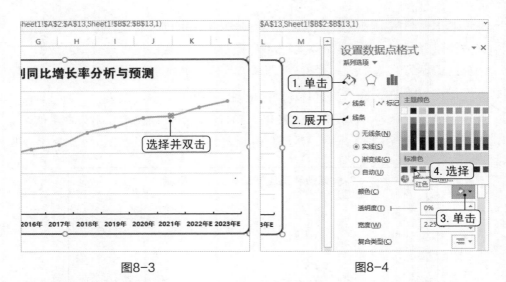

图8-3 图8-4

步骤03 在"宽度"数值框中输入"1.5磅"更改预测数据对应的折线段的粗细效果，如图8-5所示。

步骤04 单击"短划线类型"下拉按钮，在弹出的下拉列表中选择"圆点"选项更改预测数据对应折线段的线段类型（也可以选择其他虚线类型效果），如图8-6所示。至此完成第一个预测数据对应折线段的效果设置。

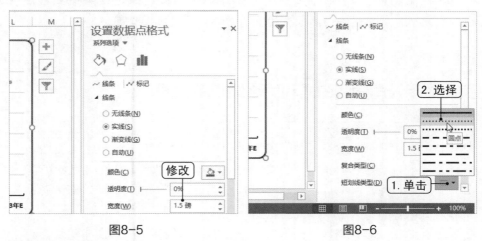

图8-5 图8-6

步骤05 单击"标记"按钮，在切换到的界面中可以对折线图的数据标记点进行设置。展开"填充"栏，在其中将颜色设置为"红色"，如图8-7所示。

步骤06 展开"边框"栏，在其中选中"无线条"单选按钮，如图8-8所示。至此完成第一个预测数据的数据标记点的格式效果。

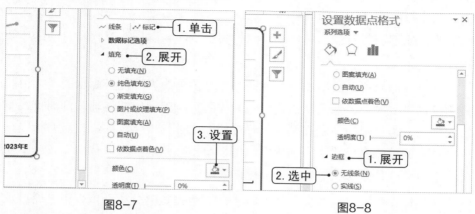

图8-7   图8-8

步骤07 用相同的方法设置另外两个预测数据对应的折线段效果和数据标记点效果，完成突出显示预测数据的所有操作，其最终效果如图8-9所示。从图中的虚实线段的折线效果，可以一目了然地区分出来真实数据和预测数据。

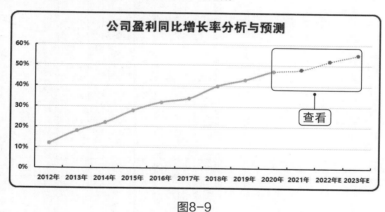

图8-9

8.1.2 让折线图中的时间点更易辨识

在折线图中，折线数据系列是在绘图区的中间位置显示，由于其是折线效果，且与分类坐标轴的对应关系不是特别直观，因此要查看各数据点与分类坐标轴的关系时，容易看错位。

为了能够一目了然地查看到每个数据点对应的时间点，此时可以通过添加竖条来分隔折线图中的数据点。这里的分隔条不是手动绘制的，因为逐个绘制不准确，而且麻烦，这里介绍一种利用添加辅助列的方式来自动添加间隔竖条。

其具体的原理是：添加一列辅助列，其值为图表数值坐标轴的最大值和最小值的重复序列，然后将该辅助列添加到折线图中，并将辅助列的折线图表类型更改为柱形图图表类型，接着对柱形图进行美化设置，最后将折线图的数据点的填充色设置为白色填充，增加数据点的识别度，从而完成整个操作。下面通过具体的实例来讲解相关操作。

例如，在图8-10的"新品上架半月的PV数据走势分析"图表中，通过观察折线的波动可以了解到PV数据的变化。

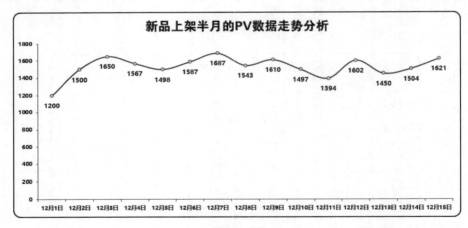

图8-10

现在需要通过设置让各数据点的数据与分类坐标轴的时间对应关系更清晰，其具体操作如下。

案例精解

让PV数据与时间点的对应更直观

本节素材	◎/素材/Chapter08/新品上架半月的PV数据分析.xlsx
本节效果	◎/效果/Chapter08/新品上架半月的PV数据分析.xlsx

步骤01　打开"新品上架半月的PV数据分析"素材文件，在G1单元格中输入"辅助列"文本，分别在G2:G3单元格区域中输入"1800"和"0"，选择该单元格区域，双击右下角的控制柄，如图8-11所示。

步骤02　程序自动以等差序列的方式填充到G16单元格，单击填充标记右侧的下拉按钮，在弹出的下拉列表中选中"复制单元格"单选按钮将"1800"和"0"规律地填充到G4:G16单元格区域，完成辅助列的添加，如图8-12所示。

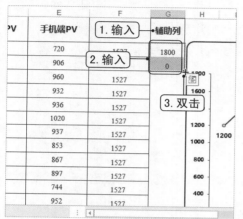

图8-11

图8-12

步骤03　选择G1:G16单元格区域，按【Ctrl+C】组合键执行复制操作，选择图表，按【Ctrl+V】组合键执行粘贴操作将辅助列添加到图表中，如图8-13所示。

步骤04　选择添加的辅助列数据系列，在其上右击，在弹出的快捷菜单中选择"更改系列图表类型"命令，如图8-14所示。

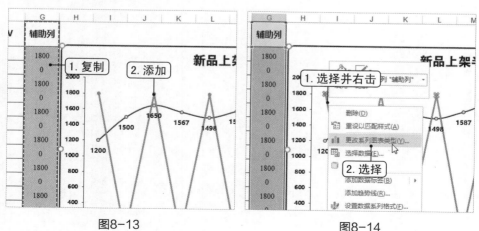

图8-13

图8-14

📌 **步骤05** 在打开的"更改图表类型"对话框中自动切换到"组合"选项卡，将"辅助列"数据系列的图表类型更改为"簇状柱形图"，单击"确定"按钮确认更改的图表类型，如图8-15所示。

📌 **步骤06** 选择图表中的纵坐标轴，在其上右击，在弹出的快捷菜单中选择"设置坐标轴格式"命令，如图8-16所示。

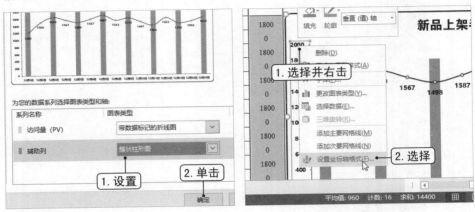

图8-15　　　　　　　　　　　　　图8-16

📌 **步骤07** 在打开的"设置坐标轴格式"任务窗格中展开"坐标轴选项"栏，在"最大值"文本框中输入文本"1800"，按【Enter】键确认设置的最大坐标轴刻度，如图8-17所示。

📌 **步骤08** 选择辅助列数据系列切换到"设置数据系列格式"任务窗格，单击"填充与线条"按钮，展开"填充"栏，选中"纯色填充"单选按钮，如图8-18所示。

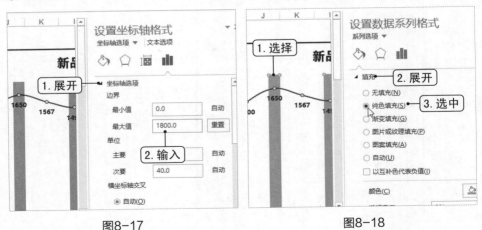

图8-17　　　　　　　　　　　　　图8-18

步骤09 在"透明度"数值框中输入"80%"为辅助列柱形图数据系列的填充色设置相应的透明效果；展开"边框"栏，选中"实线"单选按钮为辅助列柱形图数据系列添加边框效果，如图8-19所示。

步骤10 单击"系列选项"选项卡，展开"系列选项"栏，将分类间距设置为0，单击任务窗格右上角的"关闭"按钮关闭任务窗格，如图8-20所示。至此完成优化折线图中数据与分类坐标轴的分类项的对应关系。

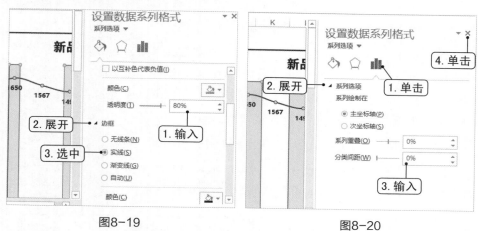

图8-19　　　　　　　　　　　　　　图8-20

步骤11 在返回的工作表中即可查看到设置的最终效果，如图8-21所示。从图中可以查看到，通过添加的间隔竖条，明显增加了折线图上的数据与分类坐标轴上时间点之间的对应关系识别度。

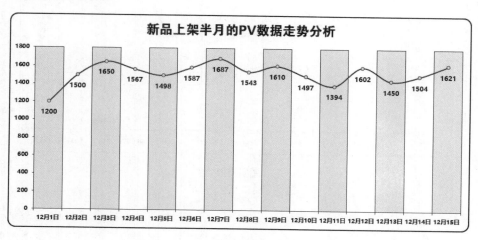

图8-21

8.1.3 借助折线图自动添加目标参考线

折线图的作用是对数据的变化趋势进行展示。如果要了解每个数据与目标数据之间的对比情况，是高出、低于还是等于目标数据，此时可以通过绘制一条目标值参考线进行参照。为了让参考线更加精准，可以借助折线图自动添加目标参考线（第6章介绍的创建带参考线的柱形图，其中的参考线也是折线图图表类型，二者的原理是一样的）。

需要特别注意的是，由于默认情况下创建的折线图，其数据点默认设置在坐标轴刻度线之间，这样，折线的起点就离纵轴有一段距离，处于一种类似悬空的状态，不便于查看参考线的起始点，此时可以通过设置坐标轴选项来改变这种情况，为查阅和分析提供便捷。

下面通过具体的实例讲解相关的操作方法。

例如，在图8-22的"2020年公司年度销售毛利趋势分析"图表中，通过观察折线的波动可以了解到当年各月销售毛利的整体变化趋势。

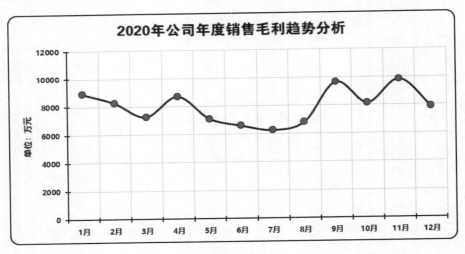

图8-22

现在需要以当年的平均销售毛利为达标值，添加一条达标线（实际的数据分析工作中，参考线不一定都是以平均值来参照，也可能是事先确定的某一个定值），来分析公司当年各月销售毛利数据与达标线之间的高低关系，其具体操作如下。

案例精解

在年度销售毛利趋势分析图表中添加达标线

本节素材	◉/素材/Chapter08/公司年度销售毛利分析.xlsx
本节效果	◉/效果/Chapter08/公司年度销售毛利分析.xlsx

步骤01 打开"公司年度销售毛利分析"素材文件，选择C2:C13单元格区域，在编辑栏中输入"=INT(AVERAGE($B$2:$B$13))"公式，按【Ctrl+Enter】组合键确认输入的公式，计算出当年12个月实际销售毛利的平均值的整数，即获得达标值，如图8-23所示。

步骤02 选择图表，在数据源中拖动蓝色矩形框到C13单元格，将辅助列数据添加到图表中，如图8-24所示。

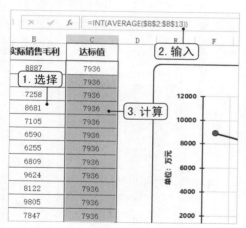

图8-23

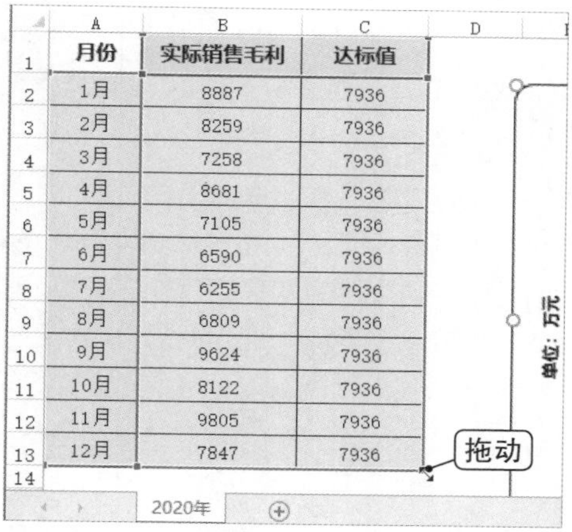

图8-24

步骤03 选择添加的达标销量数据系列，打开"设置数据系列格式"任务窗格，单击"填充与线条"选项卡，单击"标记"按钮，展开"数据标记选项"栏，选中"无"单选按钮取消数据系列线上数据点的显示，如图8-25所示。

步骤04 保持数据系列的选择状态，单击"线条"按钮，展开"线条"栏选中"实线"单选按钮，设置颜色为"红色"，在"宽度"参数框中输入"1.75磅"更改达标线的颜色和粗细，如图8-26所示。

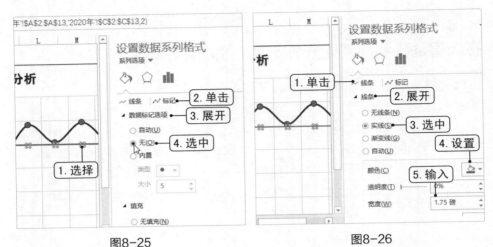

图8-25

图8-26

步骤05 单击"短画线类型"下拉按钮，在弹出的下拉列表中选择"圆点"选项，更改数据系列的折线线条样式，如图8-27所示。

步骤06 单独选择达标线数据系列的最后一个数据点，单击图表右上角的"图表元素"按钮，在展开的面板中将鼠标光标指向"数据标签"元素，单击其右侧的向右的三角形按钮，在弹出的菜单中选择"下方"选项为数据点添加数据标签，如图8-28所示。

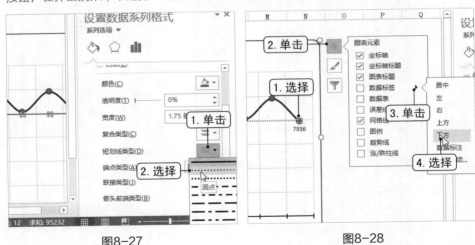

图8-27

图8-28

步骤07 选择添加的数据标签，在"开始"选项卡"字体"组中设置标签文本的字体格式为"微软雅黑、9号、加粗"，单击"字体颜色"按钮右侧的下拉按钮，选择"黑色，文字1"选项更改数据标签的字体颜色，如图8-29所示。

步骤08 在"设置数据标签格式"任务窗格中单击"标签选项"按钮，展开"数字"栏，在"格式代码"文本框中的"G/通用格式"文本前面输入"达标线："文本，单击"添加"按钮完成数据标签文本的自定义设置，如图8-30所示。

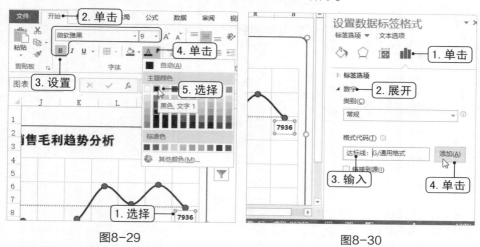

图8-29   图8-30

步骤09 可以查看到数据标签前面自动添加了相关的说明文本。选择图表的分类坐标轴，任务窗格跳转到"设置坐标轴格式"任务窗格的"坐标轴选项"界面，在其中展开"坐标轴选项"栏，如图8-31所示。

步骤10 在"坐标轴位置"栏中选中"在刻度线上"单选按钮更改分类坐标轴的显示位置，单击"关闭"按钮关闭任务窗格完成整个操作，如图8-32所示。

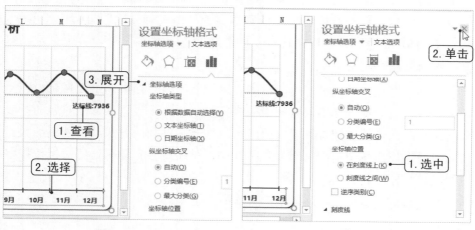

图8-31   图8-32

步骤11 在返回的工作表中即可查看到添加的达标线参考线的最终效果，如图8-33所示。从图中就可以非常直观地查看到2020年公司各月的销售毛利数据相对于达标线这一参考线的相对高低位置。

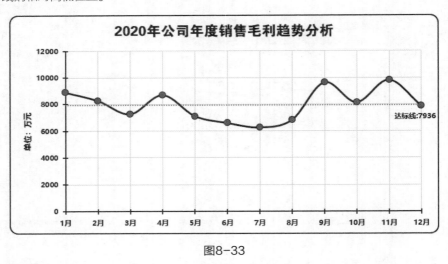

图8-33

8.1.4 多段式折线图的快速制作

在Excel中，基于连续的日期数据创建的折线图，每一个分类都是一根相同格式的折线。如果要将这根折线按某种分段显示为多段，默认情况下只能通过为不同数据点的折线段进行格式设置，从而达到分段的目的，如第4章4.3.3节的第1小节设置各段颜色都不同的折线，以及本章8.1.1节中将预测数据以虚线格式单独显示。

对于数据较少的情况，逐个设置相对简便，但是如果一组数据有很多，而且要将这些数据分为不同区间段来进行显示，逐个设置数据点对应的折线段格式相对来说就比较麻烦了，此时可以通过辅助列的方式，将连续的数据分为多段，然后基于辅助列来创建折线图，程序就会自动将这些数据按指定区间段进行分段显示。

下面通过具体的实例讲解相关的操作。

例如，在图8-34的"2020年产品上市年度市场占有率统计"图表中，通过添加了垂直线辅助线让市场占有率数据点与分类坐标轴上的月份数据直观对应。

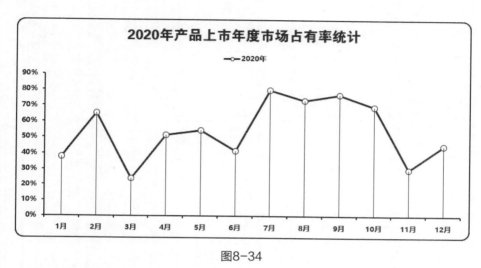

图8-34

现在要求通过设置，让年度市场占有率统计折线图按季度分段显示各季度的市场占有率数据的变化趋势，其具体操作如下。

案例精解

分段显示各季度市场占有率数据

本节素材	◎/素材/Chapter08/产品上市年度市场占有率统计.xlsx
本节效果	◎/效果/Chapter08/产品上市年度市场占有率统计.xlsx

步骤01 打开"产品上市年度市场占有率统计"素材文件，选择B列数据，按【Ctrl+C】组合键执行复制操作，选择C～F列，按【Ctrl+V】组合键执行粘贴操作完成数据的复制操作，如图8-35所示。

步骤02 分别将C1:F1单元格区域的数据修改为"第一季度""第二季度""第三季度"和"第四季度"，在C列仅保留第一季度的市场占有率数据，在D列仅保留3月和第二季度的市场占有率数据，在E列仅保留6月和第三季度的市场占有率数据，在F列仅保留9月和第四季度的市场占有率数据，除此之外的市场占有率数据全部删除，完成辅助列数据的制作，如图8-36所示。

B	C	D	E	F	G
2020年	**2020年**	**2020年**	**2020年**	**2020年**	📋(Ctrl) ▾
38%	38%	38%	38%	38%	
65%	65%	65%	65%	65%	
24%	24%	24%	24%	24%	
52%	52%	52%	52%	52%	90%
54%	54%	54%	54%	54%	80%
41%	41%	41%	41%	41%	70%
80%	80%	80%	80%	80%	60%
73%	73%	73%	73%	73%	50%
77%	77%	77%	77%	77%	40%
69%	69%	69%	69%	69%	30%
30%	30%	30%	30%	30%	20%
45%	45%	45%	45%	45%	10%

1. 选择　2. 复制

图8-35

月		第一季度	第二季度	第三季度	第四季度
1月	38%	38%			
月	65%	65%			
3月	24%	24%	24%		
4月	52%		52%		
5月	54%		54%		
6月	41%		41%	41%	
7月	80%			80%	
8月	73%			73%	
				77%	77%
10月	69%				69%
11月	30%				30%
12月	45%				45%

1. 修改　2. 删除

图8-36

步骤03 选择图表，在数据源中拖动蓝色矩形框到F13单元格，将添加的4个季度市场占有率辅助列的数据添加到图表中，如图8-37所示。

步骤04 选择第一季度数据系列对应的折线图，打开"设置数据系列格式"任务窗格，单击"填充与线条"按钮，单击"标记"按钮，展开"数据标记选项"栏，选中"无"单选按钮取消数据标记点的样式，如图8-38所示。

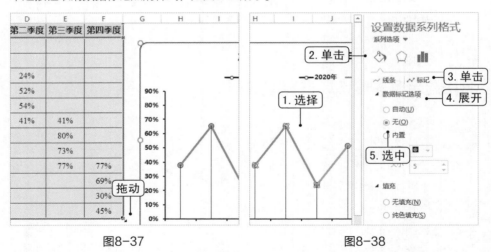

图8-37　　　　　　　　　　　　　　图8-38

步骤05 用相同的方法将第二季度数据系列、第三季度数据系列和第四季度数据系列对应的折线图的数据标记点样式设置为无，最后关闭任务窗格，得到的最终效果如图8-39所示。从图中可以查看到，不同的季度，其对应的折线段通过不同的颜色进行了明显的区分。

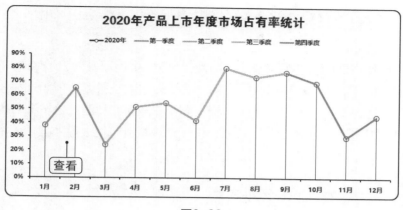

图8-39

在本例中需要特别强调，虽然是按季度分段，但在制作辅助列数据时，从第二季度开始，之后的每个季度都应包括上一季度的最后一个数据，这样才能让多段折线图连续显示，否则就会形成多段断裂折线图，如图8-40所示（为了更直观地查看分段效果，图中将2020年数据系列折线设置为白色）。

月份	2020年	第一季度	第二季度	第三季度	第四季度
1月	38%	38%			
2月	65%	65%			
3月	24%	24%			
4月	52%		52%		
5月	54%		54%		
6月	41%		41%		
7月	80%			80%	
8月	73%			73%	
9月	77%			77%	
10月	69%				69%
11月	30%				30%
12月	45%				45%

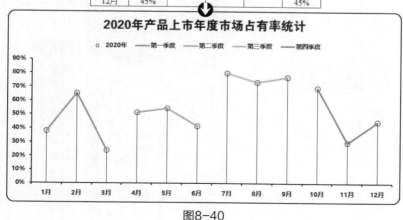

图8-40

8.2 用面积图分析数据趋势

虽然使用面积图也可以表达数据的趋势变化，而且通过查阅面积的大小，可以更直观地展示不同数据系列之间数据的大小关系。但是，面积图在数据分析过程中有个最大的问题，就是数据系列存在被遮挡的情况。因此，在利用面积图展示数据分析结果时，往往会对遮挡问题进行处理。而本节也主要是针对处理面积图的遮挡技巧进行讲解。

8.2.1 指定系列的绘制顺序

面积图用实心填充数据点的连线到分类坐标轴之间的所有区域。默认情况下，程序会自动将各个数据系列按表格中的顺序进行排列，这就有可能造成一些数据值较小的数据系列被遮挡。

这种情况对于数据分析是很不利的，所以用户需要将数据系列的绘制顺序进行调整，确保所有系列都能显示出来。

下面通过具体实例进行讲解。例如，在图8-41所示的"各分公司2020年各季度员工扩展情况"面积图中，由于上海分公司的扩展人数少，以至于在图表中被遮挡了。

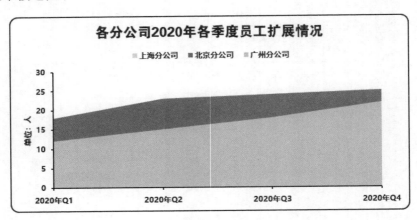

图8-41

现在需要通过调整图例顺序，让面积图中的所有分公司的员工扩展情况全部展示出来。其具体操作如下。

案例精解

调整图例顺序解决员工扩展情况面积图中的遮挡问题

本节素材	◎/素材/Chapter08/各分公司员工扩展情况.xlsx
本节效果	◎/效果/Chapter08/各分公司员工扩展情况.xlsx

步骤01 打开"各分公司员工扩展情况"素材文件，选择图表，单击"图表工具 设计"选项卡，在"数据"组中单击"选择数据"按钮打开"选择数据源"对话框，如图8-42所示。

步骤02 在该对话框的"图例项（系列）"列表框中自动选择位于第一位的上海分公司图例项，单击"下移"按钮将上海分公司图例项下移到第二位（如果还未显示出来则继续调整顺序），单击"确定"按钮确认设置完成整个操作，如图8-43所示。（在本例中，由于是上海分公司的面积被挡住了，因此最好选择被遮挡的图例项进行调整。）

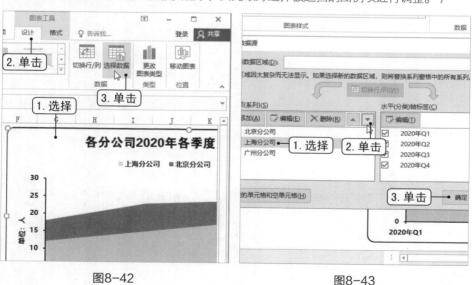

图8-42　　　　　　　　　　　　　图8-43

步骤03 在返回的工作表中即可查看到图表中的上海分公司的面积图显示出来了，如图8-44所示。从面积图中的各分公司的面积大小，可以非常直观地查看到各公司员工扩展的情况，并且通过面积图边缘走势，可以查看到各分公司员工扩展的趋势变化。

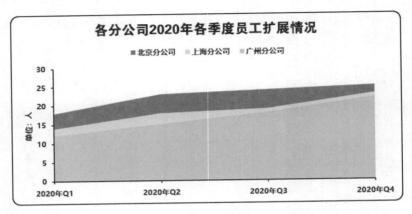

图8-44

8.2.2 使用透明效果处理遮挡问题

面积图在呈现数据关系时出现遮挡问题的主要原因就是面积图的填充效果默认情况下是纯色完全填充，当较小数据与较大数据重叠时，就会发生遮挡。因此，要处理遮挡问题，也可以将面积图的填充设置一定的透明度。

需要特别说明的是，在面积图中设置数据系列的透明填充效果时，面积的边框最好不要设置透明效果，这样可以确保各数据点能够清晰地展示。

下面针对8.2.1节案例的问题讲解如何使用透明效果处理遮挡问题，其具体的操作方法如下。

案例精解

设置填充的透明度解决员工扩展情况面积图中的遮挡问题

本节素材	◎/素材/Chapter08/各分公司员工扩展情况1.xlsx
本节效果	◎/效果/Chapter08/各分公司员工扩展情况1.xlsx

步骤01 打开"各分公司员工扩展情况1"素材文件，选择图表中的北京分公司数据系列，双击该数据系列打开"设置数据系列格式"任务窗格，单击"填充与线条"按钮，展开"填充"栏，如图8-45所示。

步骤02 选中"纯色填充"单选按钮，设置对应的填充色，在"透明度"数值框中输入80%为该面积图的数据系列填充色设置对应的透明效果，如图8-46所示。

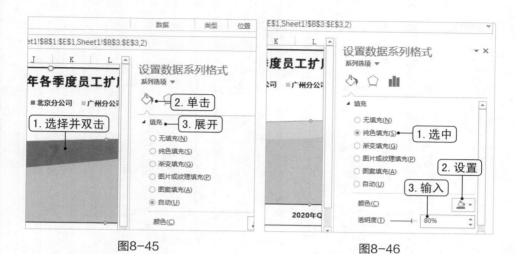

图8-45　　　　　　　　　　图8-46

步骤03 展开"边框"栏，在其中选中"实线"单选按钮，设置相应的边框颜色，在"宽度"数值框中输入"2.25磅"加粗面积的边框，从而让面积的区域更清晰，如图8-47所示。

步骤04 由于本例的图表中，上海分公司数据系列是被遮挡在北京分公司数据系列下方，这里虽然可以查看到该数据系列，但是还是不能直接从图表中选择该数据系列，因此单击"图表工具 格式"选项卡，在"当前所选内容"组中单击下拉列表框右侧的下拉按钮，在弹出的下拉列表中选择"系列'上海分公司'"选项即可将该数据系列选中，如图8-48所示。

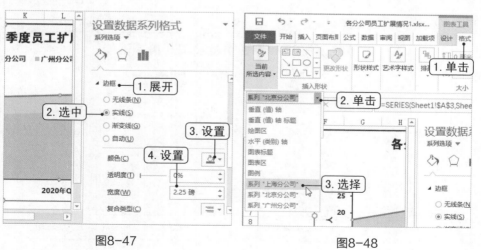

图8-47　　　　　　　　　　图8-48

步骤05 在"设置数据系列格式"任务窗格的"填充与线条"界面中选中"填充"栏中的"纯色填充"单选按钮，并设置相应的颜色和透明度效果，如图8-49所示。

步骤06 重复前面的操作设置上海分公司数据系列的边框效果以及广州分公司数据系列的填充与边框效果，最后单击"关闭"按钮关闭任务窗格，如图8-50所示。

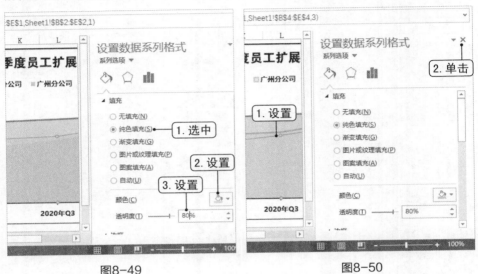

图8-49   图8-50

步骤07 在返回的工作表中即可查看到图表中的所有数据系列的面积图均被显示出来了，而且通过不同的面积可直观地查看到各分公司各季度的员工扩展情况，如图8-51所示

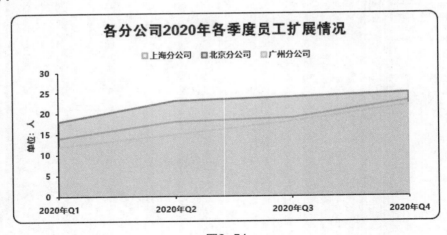

图8-51

8.2.3 处理交叉面积图的数据展示

前面处理的面积图，其各系列数据之间是完全包含的关系，但是实际中的数据并不是这么特殊的，也存在相互交叉的情况。对于这种数据，无论怎么调整顺序，始终有一部分数据会被遮挡从而显示不出来。我们又应当如何处理，才能解决相互之间的遮挡问题呢？

此时可以借助组合图表来进行处理，其具体的原理是：

将数据源的系列数据再次添加到面积图中，从而图中出现两两相同的4个数据系列，然后将相同的两个数据系列中的其中一个数据系列的图标类型更改为折线图，从而形成折线图和面积图的组合图。这样一来，即使面积之间存在遮挡，但是折线图也能很好地将遮挡部分的轮廓显示出来。

下面通过具体的实例进行讲解。

例如，在图8-52所示的"近30天PV数据走势分析"面积图中，由于商品1和商品2的走势数据存在交叉情况。在上旬，商品2的PV数据大部分时间都大于商品1的PV数据，而在下旬，商品1的PV数据大部分时间都大于商品2的PV数据，因此，无论怎样调整系列顺序，始终会存在遮挡的情况。

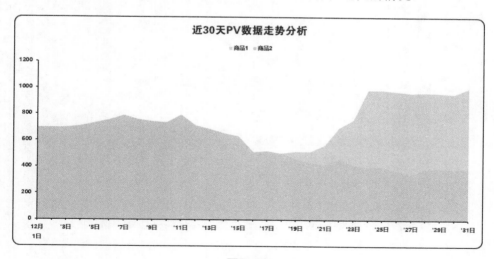

图8-52

现在需要通过创建折线图和面积图的组合图来解决交叉面积图的数据遮挡问题，其具体操作如下。

创建组合图解决PV数据走势交叉面积图中的遮挡问题

本节素材	◎/素材/Chapter08/近30天产品的PV数据走势.xlsx
本节效果	◎/效果/Chapter08/近30天产品的PV数据走势.xlsx

步骤01 打开"近30天产品的PV数据走势"素材文件，选择B1:C32单元格区域，按【Ctrl+C】组合键执行复制操作，选择图表，按【Ctrl+V】组合键执行粘贴操作将商品1和商品2的PV数据重复添加到图表中，如图8-53所示。

步骤02 选择添加的任意重复的数据系列，单击"图表工具 设计"选项卡，在"类型"组中单击"更改图表类型"按钮，如图8-54所示。

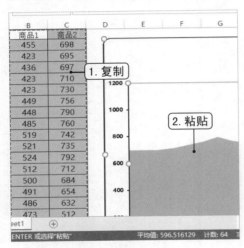

图8-53　　　　　　　　　　　图8-54

步骤03 在打开的"更改图表类型"对话框中程序自动切换到"组合"选项卡，在其中分别将后面重复的商品1数据系列和商品2数据系列的图表类型更改为"带数据标记的折线图"，单击"确定"按钮，如图8-55所示。（在步骤02中，如果是选择图表后直接单击"更改图表类型"按钮，在打开的"更改图表类型"对话框中程序会自动切换到"面积图"选项卡）。

步骤04 选择任意数据系列，双击该数据系列打开"设置数据系列格式"任务窗格，如图8-56所示。

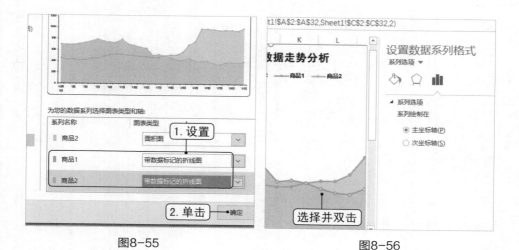

图8-55   图8-56

步骤05 单击"图表工具 格式"选项卡，在"当前所选内容"组中单击下拉列表框右侧的下拉按钮，在弹出的下拉列表中选择第二个"系列'商品1'"选项将带数据标记的折线图的商品1数据系列选中，如图8-57所示。

步骤06 在"设置数据系列格式"任务窗格中单击"填充与线条"按钮，在"线条"界面中展开"线条"栏，选中"实线"单选按钮，如图8-58所示。

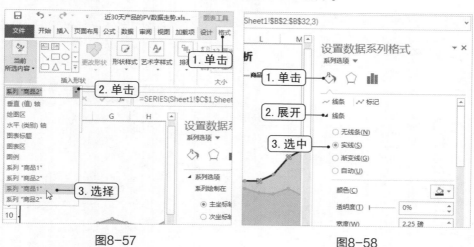

图8-57   图8-58

步骤07 单击"颜色"下拉按钮，在弹出的下拉列表中选择"深蓝"选项更改折线图的线条颜色，如图8-59所示。

步骤08 单击"标记"按钮，展开"数据标记选项"栏，选中"内置"单选按钮，在"大小"数值框中输入"8"完成折线图数据标记大小的设置，如图8-60所示。

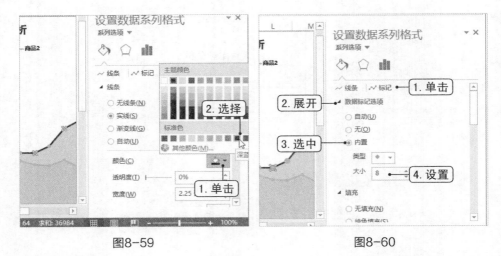

图8-59　　　　　　　　　　　　　　图8-60

步骤09 展开"填充"栏，选中"纯色填充"单选按钮，将颜色设置为白色填充色，展开"边框"栏，选中"实线"单选按钮，程序自动为标记应用与线条一样的边框颜色，如图8-61所示。

步骤10 选择带数据标记的折线图的商品2数据系列，切换到"线条"界面，在"线条"栏中选中"实线"单选按钮，并将线条颜色设置为深红颜色，如图8-62所示。

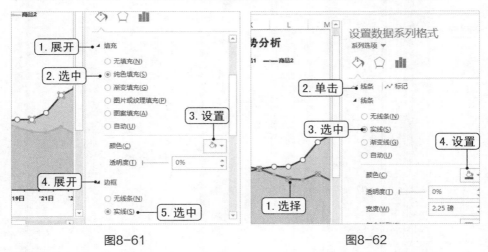

图8-61　　　　　　　　　　　　　　图8-62

步骤11 单击"标记"按钮，在其中展开"数据标记选项"栏，选中"内置"单选按钮，同样将标记大小设置为8，如图8-63所示。

步骤12 分别在"填充"栏中选中"纯色填充"单选按钮和"边框"栏中选中"实线"单选按钮，程序自动快速为标记应用自动的填充颜色和边框效果，完成折线图数据系列的格式设置操作，如图8-64所示。

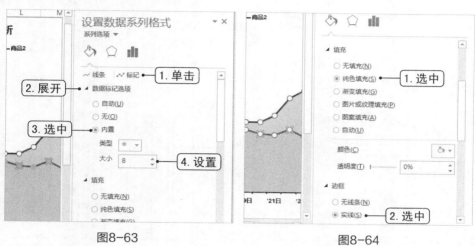

图8-63

图8-64

📌 **步骤13** 由于本例在创建组合图时，程序自动将坐标轴的位置设置为在刻度线之间显示，从而让面积图和折线图的组合图表与纵坐标轴之间存在间隙。这里选择横坐标轴，任务窗格自动切换为"设置坐标轴格式"任务窗格，单击"坐标轴选项"按钮，展开"坐标轴选项"栏，如图8-65所示。

📌 **步骤14** 在"坐标轴位置"栏中选中"在刻度线上"单选按钮将组合图的起始位置设置为从原点开始，单击"关闭"按钮关闭任务窗格，如图8-66所示。

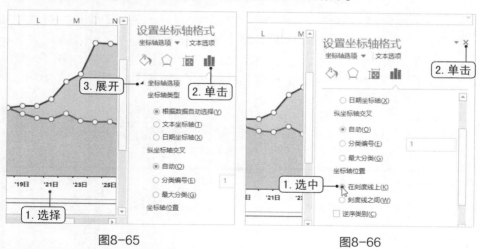

图8-65

图8-66

📌 **步骤15** 在返回的工作表中即可查看最终设置的图表效果，如图8-67所示。从图中可以看到，两个面积图之间虽然存在交叉，但是连续的折线图作为面积图的边缘，也很好地展示了各面积图的大小和重叠位置处的面积图轮廓。

图8-67

在图表中，对于时间内容的分类坐标轴，其可能存在许多冗余数据，如本例中"12月1日"～"12月31日"的日期中"12月"文本存在冗余，又如"2020年第1季度"～"2020年第4季度"的日期中"2020年第"文本存在冗余。

当图表的宽度不够时，这些数据会根据图表的宽度自动倾斜显示，这在一定程度上可能会影响我们的阅读体验和图表的美观。

为了简化图表界面，此时可以使用英文状态下的单引号"'"来替代部分重复的数据，但是需要注意的是，第一个坐标轴的名称需要完整书写，这样受众才能明白你的单引号"'"所替代的内容。

例如本例中的12月1日、'3日、'5日……，就是将"12月"文本用"'"替代，本例除了将冗余数据进行了处理，由于这些日期是连续的，还采用了间隔一个刻度隐藏对应分类项目的方法进行处理，让整个横坐标轴更清晰。

第 ⑨ 章

相关分析，内在联系显而易见

数据分析中有关数据的相关关系也常需要分析，尤其在综合数据分析报告中，经常需要将各种关联因素进行综合分析，从而发现它们之间的内在联系。在Excel中，可以使用散点图、气泡图等图表类型来呈现数据的相关关系。本节将具体介绍这些图表类型在实战中的具体应用方法和技巧。

● 用散点图分析数据

- 用四象限散点图分析双指标数据
- 添加辅助列让散点图更清晰
- 对数刻度在散点图中的应用

● 用气泡图分析数据

- 在Excel中如何创建气泡图
- 在标签中显示气泡大小
- 制作气泡对比图

9.1　用散点图分析数据

在Excel图表中，散点图是一种通过点来显示成对数据之间相关关系的图表，它能够表现不同数据之间的相对位置和绝对位置，进而可以分析数据的分布情况。下面具体介绍在实战中使用散点图分析数据的相关应用和设置技巧。

9.1.1　用四象限散点图分析双指标数据

散点图图表最直观的效果就是多个数据点无规律地分布在绘图区，虽然有横纵坐标轴标识两个相关因素，但是绘图区散乱的数据点还是不利于分析和观察数据。此时可以通过将绘图区划分为4个区域，实现数据的差异化分类，从而方便对同一个区域中的数据间的强弱关系进行分析。

下面通过具体实例介绍将散点图编辑为四象限效果的相关操作。

例如，在如图9-1所示的"空调品牌知名度和忠诚度调查结果"散点图中零散地分布了各种品牌的空调的知名度和忠诚度调查结果。

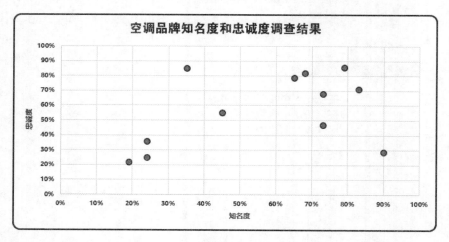

图9-1

现在要求将该散点图编辑为四象限图来分析数据的相关性。其具体操作方法如下。

将知名度和忠诚度调查散点图设置为四象限图

本节素材	◎/素材/Chapter09/空调品牌知名度和忠诚度调查结果.xlsx
本节效果	◎/效果/Chapter09/空调品牌知名度和忠诚度调查结果.xlsx

步骤01 打开"空调品牌知名度和忠诚度调查结果"素材文件，选择纵坐标轴，在其上单击鼠标右键，在弹出的快捷菜单中选择"设置坐标轴格式"命令，如图9-2所示。

步骤02 在打开的"设置坐标轴格式"任务窗格的"横坐标轴交叉"栏中选中"坐标轴值"单选按钮，并设置其值为0.5，此时可以查看到横坐标轴标签的位置被上移到了垂直居中的位置，如图9-3所示。

图9-2   图9-3

步骤03 展开"标签"栏，单击"标签位置"下拉列表框右侧的下拉按钮，在弹出的下拉列表中选择"低"选项更改纵坐标轴标签的位置，如图9-4所示。

步骤04 选择横坐标轴，在"纵坐标轴交叉"栏中选中"坐标轴值"单选按钮，并设置其值为0.5，程序自动将纵坐标轴右移到水平居中的位置，如图9-5所示。（由于在步骤03中已将坐标轴标签的位置设置为低，因此这里只将坐标轴右移到了水平居中位置，而坐标轴标签仍然在原位置。）

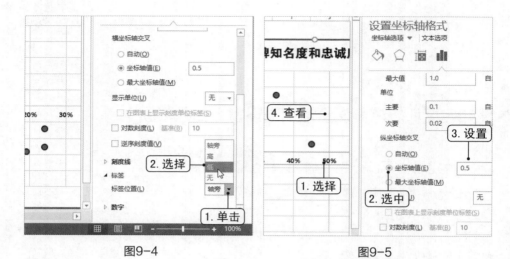

图9-4   图9-5

📄 **步骤05** 在"标签"栏的"标签位置"下拉列表框中选择"低"选项更改横坐标轴的标签位置，可以看到横坐标轴的标签恢复到底部位置显示，如图9-6所示。

📄 **步骤06** 保持横坐标轴的选择状态，单击"填充与线条"按钮，展开"线条"栏，选中"实线"单选按钮，单击"颜色"下拉按钮，选择"黑色，文字1"选项更改坐标轴的颜色，如图9-7所示。

图9-6   图9-7

📄 **步骤07** 在"宽度"数值框中输入"1.5磅"，更改横坐标轴线条格式，如图9-8左所示。用相同的方法设置纵坐标轴的线条颜色和粗细，此时即可在散点图中间查看到一个十字框架，如图9-8右所示。

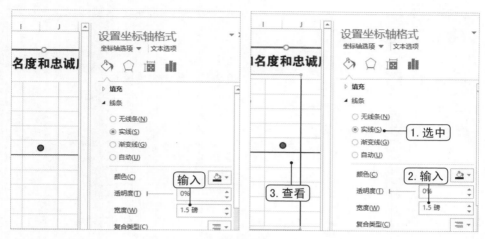

图9-8

步骤08 选择绘图区，任务窗格自动变为"设置绘图区格式"任务窗格，在"边框"栏中选中"实线"单选按钮，程序自动为其应用与坐标轴线条一样的填充色，在"宽度"数值框中输入"1.5磅"，完成绘图区边框颜色和粗细格式的设置，此时四象限图已经基本形成，如图9-9所示。

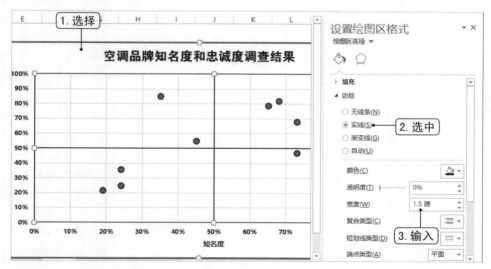

图 9-9

步骤09 选择图表，单击图表右上角的"图表元素"按钮，在展开的面板中取消选中"网格线"复选框取消绘图区中的主轴主要水平网格线和主轴主要垂直网格线的显示，如图9-10所示。

步骤10 选择数据系列，单击鼠标右键，在弹出的快捷菜单中选择"添加数据标签"命令为每个数据点添加相应的数据标签，如图9-11所示。

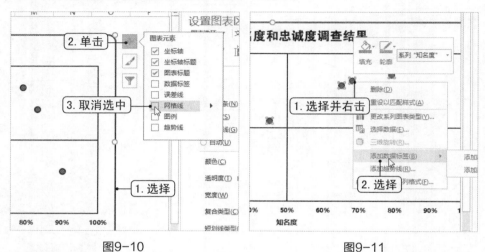

图9-10　　　　　　　　　　　　　　　图9-11

步骤11 选择添加的数据标签，在"设置数据标签格式"任务窗格中单击"标签选项"按钮，展开"标签选项"栏，取消选中"显示引导线"复选框，如图9-12所示。

步骤12 单独选择一个数据标签，在编辑栏中输入"="符号后，选择Y值对应的手机品牌单元格（如果存在相同的Y值，则可以将鼠标光标指向该数据点，其会显示该数据点对应的X值和Y值，结合两个数据来判断对应的品牌名称），按【Enter】键确认输入的公式，完成该数据点数据标签文本的修改，如图9-13所示。

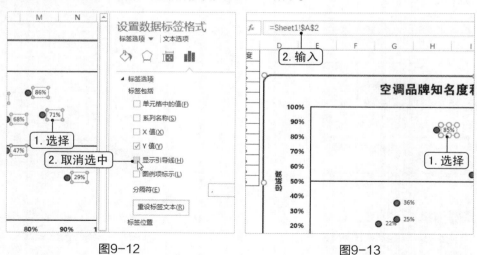

图9-12　　　　　　　　　　　　　　　图9-13

步骤13 用相同的方法更改其他数据点对应的数据标签文本，并对每个数据点的数据标签位置进行调整，使其显示在合适的位置，如图9-14所示。

步骤14 选择所有数据标签，为其设置对应的字体格式；选择绘图区，单击"填充与线条"按钮，展开"填充"栏，选中"纯色填充"单选按钮，设置相应的填充色，单击"关闭"按钮关闭任务窗格，如图9-15所示。

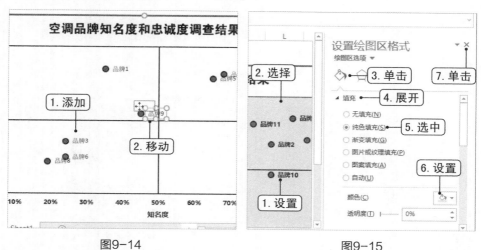

图9-14　　　　　　　　　　　　　　　　图9-15

步骤15 在返回的工作表中即可查看到设置的图表的最终效果，如图9-16所示。从图中可以清晰地查看到，在右上角象限的品牌2、品牌5、品牌7、品牌11和品牌12是忠诚度和知名度都偏高的品牌，而品牌3、品牌6和品牌8都是忠诚度和知名度都偏低的品牌。

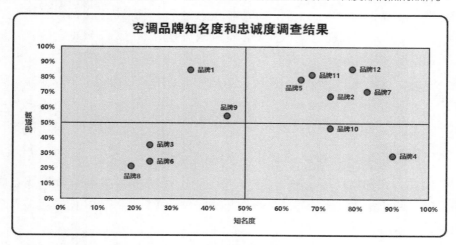

图9-16

9.1.2 添加辅助列让散点图更清晰

在Excel中，散点图有两种显示方式，一种是完全离散的多个点，另一种是用线条连接各数据点的子类型，如图9-17所示。

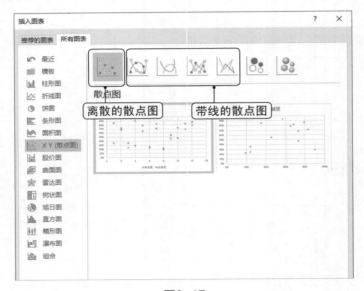

图9-17

在使用带有线条的散点图图表类型来进行相关性分析时，由于横坐标对应一个值，纵坐标对应一个值，如果按照这两个值来绘制散点图，则最终效果会呈现只有一条带折线的散点图，这种效果是看不出两个数据之间有什么关系的。

此时可以添加一个辅助列，将横坐标变为两个，从而让一个变量对应一条折线，就可以绘制出两条带折线的散点图，这样就可以分析两个数据的相关关系了。

下面通过具体的实例来讲解相关操作。

例如，在图9-18所示的"生产产量与生产成本相关关系分析"散点图中，通过两个相关因子创建的散点图形成了一条折线，二者之间的相关关系没有被展示出来。

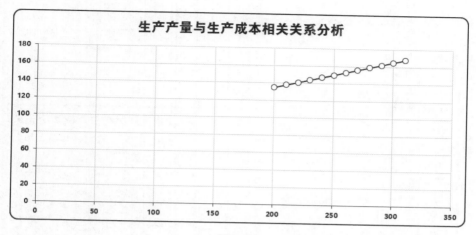

图9-18

现在需要借助辅助列对该散点图进行优化，从而让两个数据之间的相关关系更加直观，其具体操作如下。

案例精解

利用散点图分析生产产量与生产成本的相关关系

本节素材	⊙/素材/Chapter09/生产产量与生产成本相关关系分析.xlsx
本节效果	⊙/效果/Chapter09/生产产量与生产成本相关关系分析.xlsx

步骤01 打开"生产产量与生产成本相关关系分析"素材文件，在数据源前面插入一列空白列，分别在A2和A3单元格中输入数据1和2，选择A2:A3单元格区域，双击控制柄将数据填充到A13单元格，完成辅助列的制作，如图9-19所示。

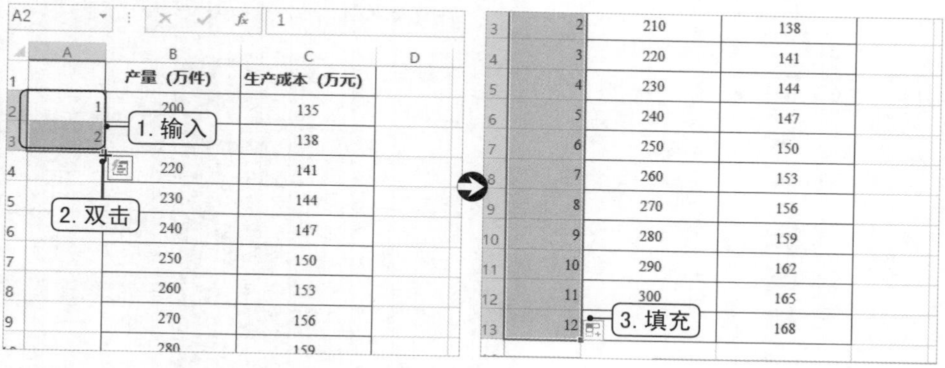

图9-19

步骤02 选择图表中的数据系列，按【Delete】键将其删除，复制A1:C13单元格的数据，选择图表，直接按【Ctrl+V】组合键将复制的数据添加到散点图中，重新创建一个新的散点图，如图9-20所示。可以看到此时散点图变为两条数据系列。

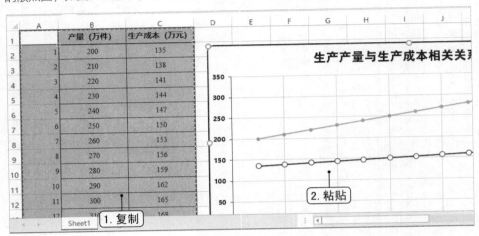

图9-20

步骤03 由于两条数据系列格式不统一，现在需要对其进行统一设置。选择产量数据系列，在其上双击鼠标左键打开"设置数据系列格式"任务窗格，单击"填充与线条"按钮，单击"线条"按钮，展开"线条"栏，选中"实线"单选按钮，并设置颜色为深红，如图9-21所示。

步骤04 单击"标记"按钮，展开"数据标记选项"栏，在其中选中"内置"单选按钮，设置大小为8，如图9-22所示。

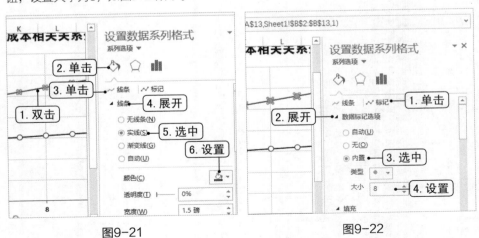

图9-21   图9-22

步骤05 在"填充"栏中选中"纯色填充"单选按钮，将颜色设置为白色；展开"边框"栏，选中"实线"单选按钮，程序自动将数据标记点应用与线条一样的颜色，如图9-23所示。

步骤06 关闭任务窗格，单击图表右上角的"图表元素"按钮，在展开的面板中指向"图例"选项，单击其右侧出现的向右三角形按钮，在弹出的子菜单中选择"顶部"选项在图表的顶部添加图例项，如图9-24所示。

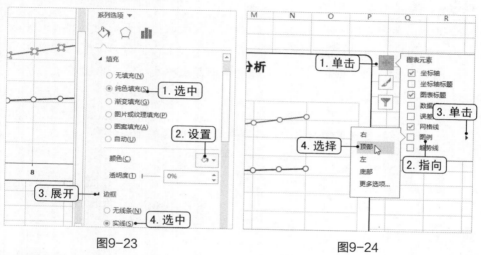

图9-23   图9-24

步骤07 选择图例项，将其字体格式设置为"微软雅黑，9号，加粗"，将其字体颜色设置为黑色，其最终的效果如图9-25所示。从图中可以清晰地查看到，产量和成本成正比例变化的关系。

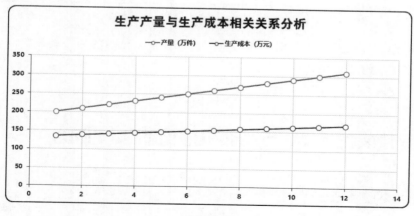

图9-25

9.1.3　对数刻度在散点图中的应用

在使用散点图分析数据相关关系时，如果相关因子的数据差距比较大，此时通过辅助列绘制出来的散点图，其中变量较小的值对应的散点图折线就会变成一根横线，不方便查看二者变化的相关关系，此时必须将纵坐标轴设置为对数刻度来解决该问题。

例如，在图9-26所示的"顾客月平均入店次数与月平均消费金额的相关分析"散点图中，虽然通过散点图将两个相关因子进行分别显示，但是由于月平均入店次数的数据相对于月平均消费金额数据小太多，因此在散点图中几乎形成一条直线在横坐标轴附近显示。

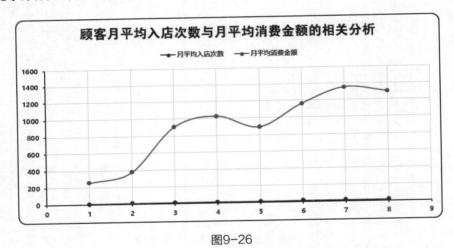

图9-26

现在需要借助对数刻度对该散点图进行优化，从而让两个数据之间的相关关系更加直观，其具体操作如下。

案例精解
使用对数刻度优化散点图相关因子值差距大的问题

本节素材	⊙/素材/Chapter09/顾客月平均入店铺次数和平均消费金额分析.xlsx
本节效果	⊙/效果/Chapter09/顾客月平均入店铺次数和平均消费金额分析.xlsx

步骤01 打开"顾客月平均入店铺次数和平均消费金额分析"素材文件，选择纵坐标轴，在其上单击鼠标右键，在弹出的快捷菜单中选择"设置坐标轴格式"命令，如图9-27所示。

步骤02 在打开的"设置坐标轴格式"任务窗格的"坐标轴选项"界面中选中"对数刻度"复选框，然后单击右上角的"关闭"按钮关闭该任务窗格即可完成所有操作，如图9-28所示。

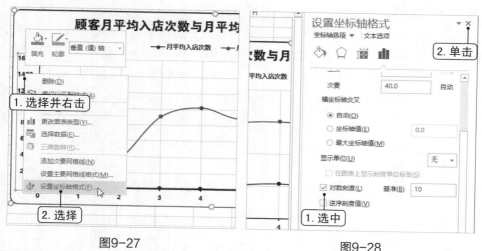

图9-27   图9-28

步骤03 在返回的工作表中即可查看到图表的纵坐标轴变为对数刻度，其中的两个数据系列在同一坐标系下都完全展示出来了，其最终的效果如图9-29所示。

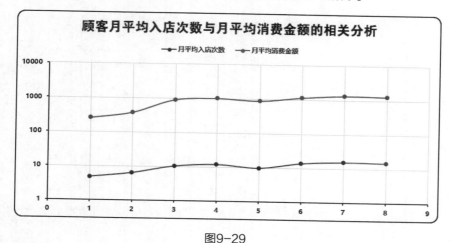

图9-29

9.2　用气泡图分析数据

气泡图是散点图的变体应用，在本节将具体针对气泡图的实战用法以及设置技巧进行讲解，让读者了解并学会这种图表类型的使用。

9.2.1　在Excel中如何创建气泡图

我们知道气泡图是由3组数据来刻画的，其中两组数据用于构建坐标系，而第三组数据则用于刻画气泡的大小。由于气泡图的特殊性，因此我们不能用创建柱形图、条形图等图表的创建方法来创建气泡图，否则将得到错误的图表。

如图9-30所示，先选择所有数据源，单击"插入"选项卡"图表"组中的"插入散点图（X、Y）或气泡图"下拉按钮，选择一种气泡图样式，可以预览将创建的气泡图效果。

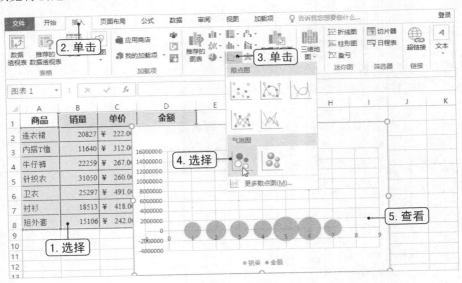

图9-30

要创建气泡图，首先需创建一个空白图表，然后逐个将数据点添加到图表中。下面通过具体的实例讲解创建气泡图的方法。

案例精解

创建服装销售分析气泡图

本节素材	◎/素材/Chapter09/服装销售分析.xlsx
本节效果	◎/效果/Chapter09/服装销售分析.xlsx

步骤01 打开"服装销售分析"素材文件，选择任意空白单元格，单击"插入"选项卡，在"图表"组中单击"插入散点图（X、Y）或气泡图"下拉按钮，在弹出的下拉菜单中选择"气泡图"选项创建一个空白的气泡图，如图9-31所示。

步骤02 保持图表的选择状态，单击"图表工具 设计"选项卡，在"数据"组中单击"选择数据"按钮，在打开的"选择数据源"对话框中直接单击"添加"按钮，如图9-32所示。

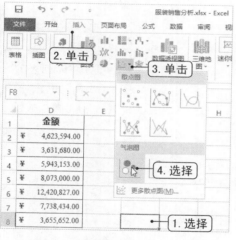

图9-31

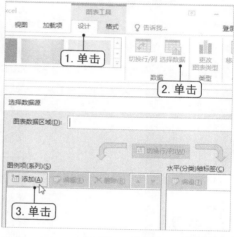

图9-32

步骤03 在打开的"编辑数据系列"对话框中分别将文本插入点定位到"系列名称"和"X轴系列值"参数框中，分别选择A2单元格和B2单元格完成系列名称和X轴系列值的设置，如图9-33所示。

步骤04 删除"Y轴系列值"参数框中的"={1}"值（这里必须要先删除该值，否则引用数据将出现错误），将C2单元格中的值引用到这个参数框中；用相同的方法将D2单元格的值引用到"系列气泡大小"参数框中，单击"确定"按钮完成第一个气泡数据系列的绘制，如图9-34所示。

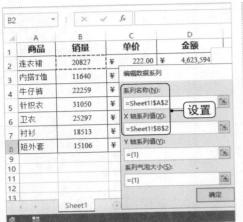

图9-33

图9-34

步骤05 在返回的"选择数据源"对话框的"图例项（系列）"列表框中即可查看到添加的第一个气泡数据系列，单击"添加"按钮，如图9-35所示。

步骤06 在打开的"编辑数据系列"对话框中设置内搭T恤商品气泡数据系列涉及的数值，用相同的方法设置其他商品的气泡数据系列涉及的值，如图9-36所示。完成系列的添加后在"选择数据源"对话框中单击"确定"按钮完成气泡图中所有气泡数据系列的添加。

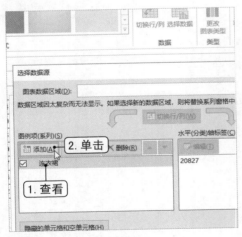

图9-35

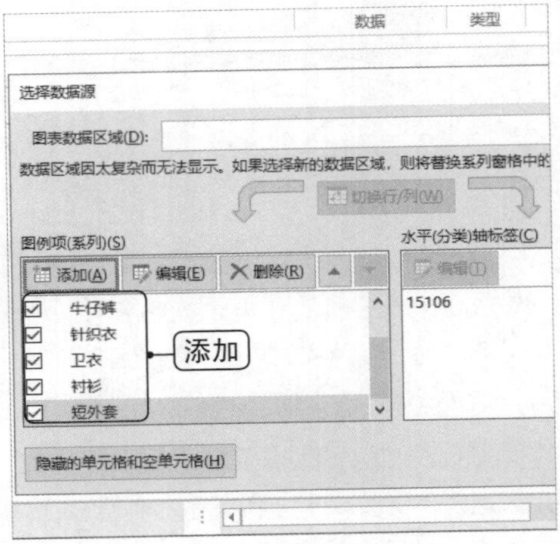

图9-36

步骤07 在返回的工作表中对图表添加相应的图表标题与图例项，并进行适当的美化，其最终的效果如图9-37所示。（对比图9-30中的气泡图效果，可以发现，对于同一个数据源，错误方法创建的气泡图和正确方法创建的气泡图之间有很大差别）。

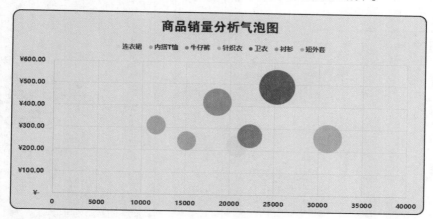

图9-37

9.2.2 在标签中显示气泡大小

由于气泡图是由3个数据绘制而成的，数据源中从左到右的数值顺序对应气泡图中的X值、Y值和气泡大小值。默认情况下，直接在气泡图中添加数据标签时，程序会自动将Y轴的值作为标签进行显示，此时要添加显示气泡大小的值，只能通过手动更改。

下面通过具体实例讲解相关的设置操作。

案例精解

为商品销量分析气泡图添加气泡大小标签

本节素材	◉/素材/Chapter09/服装销售分析1.xlsx
本节效果	◉/效果/Chapter09/服装销售分析1.xlsx

步骤01 打开"服装销售分析1"素材文件，选择图表，单击图表右上角的"图表元素"按钮，在弹出的面板中选中"数据标签"复选框，为数据系列添加标签，此时程序默认显示的标签为Y值，如图9-38所示。

步骤02 选择一个数据标签，双击鼠标左键打开"设置数据标签格式"任务窗格，在"标签选项"栏中取消选中"Y值"复选框，选中"系列名称"和"气泡大小"复选框即可在气泡上显示描述该气泡大小的数值，单击"分隔符"下拉列表框右侧的下拉按钮，选择"（分行符）"选项将系列名称和气泡大小的标签分行显示，如图9-39所示。

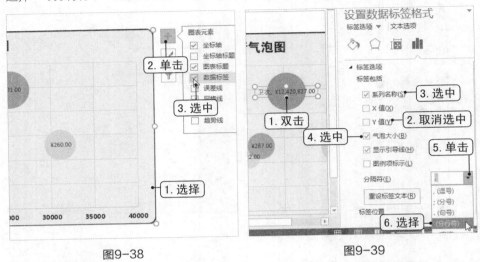

图9-38

图9-39

步骤03 用相同的方法为其他气泡更改对应的标签值，然后单击"关闭"按钮关闭任务窗格，如图9-40所示。

步骤04 由于数据标签的内容比较多，有些气泡相距比较近，可能存在数据标签重叠导致影响阅读，选择数据标签，按住鼠标左键不放拖动数据标签的位置进行调整，如图9-41所示。

图9-40

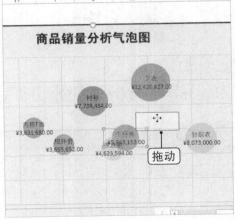

图9-41

步骤05 完成数据标签位置的调整后，逐个为数据标签设置对应的字体格式，完成气泡图数据标签的添加操作，其最终的效果如图9-42所示。

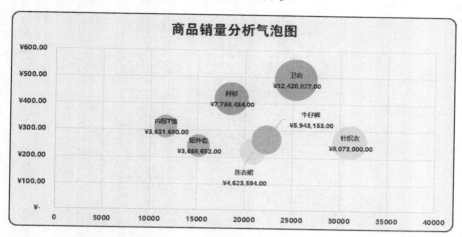

图9-42

9.2.3 制作气泡对比图

虽然气泡图通常用于展现各因子之间的相关关系，但是由于气泡图中有一个因子用于刻画气泡大小，因此，通过观察气泡大小还可以方便我们进行数据的大小比较。因此，有些时候，我们也可制作气泡对比图来比较相关数据的大小。

由于这里更多的是通过气泡大小对比数据，因此气泡图中的X值用于规律分布气泡的位置，而Y值最好是一样的，这样才能让所有气泡在同一水平位置，方便对比。

下面通过具体实例讲解相关的设置操作。

如图9-43所示为某公司年度各月的目标任务与完成情况数据统计，要利用气泡图的大小来比较各月的完成情况，最重要的是数据源的准备。首先，在气泡图中，刻画气泡大小的值是完成情况数据，对于X值和Y值，在本例中进行假设。其中：

①为了确保各气泡之间有一定的间隙，则在设置X值时，采用等差序列的方式间隔填充，让气泡间隔一个刻度显示。

②为了方便各气泡在水平位置上对比查看，因此统一将Y值设置为0.5（这个值可随意确定，只要设置为相同即可）。

月份	目标任务	完成情况
1月	200000	125894
2月	200000	188647
3月	200000	265684
4月	200000	151254
5月	200000	158746
6月	200000	125487
7月	200000	165487
8月	200000	142154
9月	200000	125412
10月	200000	198752
11月	200000	175423
12月	200000	215485

图9-43

此外，为了查看完成情况的百分比，本例需要计算完成情况的百分数，并将目标设置为100%。准备好所有数据源后就可以创建气泡对比图了，下面具体讲解相关的操作过程。

案例精解

制作气泡对比图比较公司年度各月的业绩完成情况

本节素材	◎/素材/Chapter09/公司年度各月业绩完成情况.xlsx
本节效果	◎/效果/Chapter09/公司年度各月业绩完成情况.xlsx

步骤01 打开"公司年度各月业绩完成情况"素材文件，在D1:G1单元格区域中输入表头文本，并设置对应的字体格式，选择D1:G13单元格区域，将字号设置为12磅，并为其添加对应的边框格式，单击"对齐方式"组中的"居中"按钮设置相应的对齐方式，最后选择F1:G13单元格区域，将其单元格格式设置为百分比格式，如图9-44所示。

步骤02 在D2:D13单元格区域中间隔一个数字填充等差序列数据，在E2:E13单元格区域中输入0.5，选择F2:F13单元格区域，在编辑栏中输入"=C2/B2"公式，按【Ctrl+Enter】组合键计算完成百分比数据，如图9-45所示。在G2:G13单元格区域中输入100%完成数据源的准备操作。

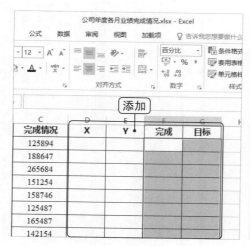

图9-44

完成情况	X	Y	完成	目标
125894	1	0.5	62.95%	
188647	3	0.5	94.32%	
265684	5	0.5	132.84%	
151254	7	0.5	75.63%	
158746	9	0.5	79.37%	
125487	11	0.5	62.74%	
165487	13	0.5	82.74%	
142154	15	0.5	71.08%	
125412	17	0.5	62.71%	
198752	19	0.5	99.38%	
175423	21	0.5	87.71%	
215485	23	0.5	107.74%	

图9-45

步骤03 创建一个空白气泡图，单击"图表工具 设计"选项卡，在"数据"组中单击"选择数据"按钮，在打开的对话框中单击"添加"按钮，如图9-46所示。

步骤04 在打开的"编辑数据系列"对话框中分别将A2、D2、E2和F2单元格的值设置为系列名称、X轴系列值、Y轴系列值和系列气泡大小，单击"确定"按钮完成第一个气泡的添加，如图9-47所示。

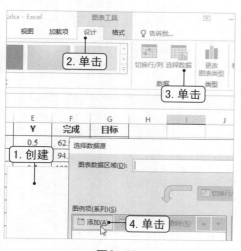

图9-46

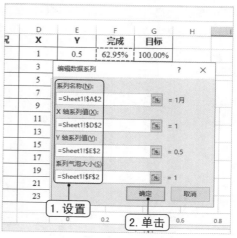

图9-47

步骤05 用相同的方法添加其他11个月份的完成情况的气泡，单击"确定"按钮完成气泡图的创建，如图9-48所示。

📌 **步骤06** 选择图表，单击"图表工具 格式"选项卡，设置图表的高度和宽度分别为10厘米和21.5厘米，为图表添加相应的图表标题，如图9-49所示。

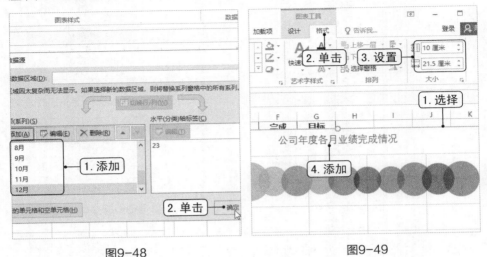

图9-48　　　　　　　　　　　　　图9-49

📌 **步骤07** 双击横坐标轴打开"设置坐标轴格式"任务窗格，展开"坐标轴选项"栏，设置最小值为0，设置最大值为25，如图9-50所示。

📌 **步骤08** 选择纵坐标轴，设置最大值为1，在"横坐标轴交叉"栏中选中"坐标轴值"单选按钮，设置其值为0.5，将横坐标轴移动到纵坐标轴0.5刻度的位置，如图9-51所示。

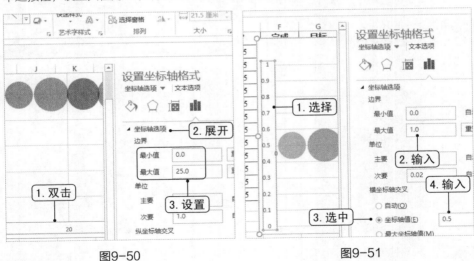

图9-50　　　　　　　　　　　　　图9-51

📌 **步骤09** 选择横坐标轴，展开"标签"栏，在"标签位置"下拉列表框中选择"无"选项取消横坐标轴标签刻度值的显示，如图9-52所示。

步骤10 保持横坐标轴的选择状态，单击"填充与线条"按钮，展开"线条"栏，选中"实线"单选按钮，设置颜色为黑色，宽度为1.5磅，如图9-53所示。

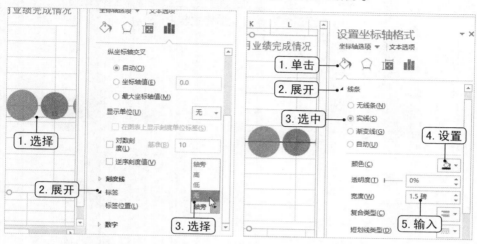

图9-52　　　　　　　　　　　　　　　　图9-53

步骤11 单击"箭头末端类型"下拉按钮，选择一种箭头样式更改横坐标轴的线条样式，如图9-54所示。

步骤12 选择图表，单击"图表元素"按钮，在展开的面板中取消选中"网格线"复选框取消显示图表的网格线，如图9-55所示。

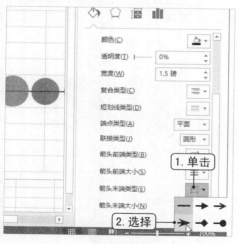

图9-54

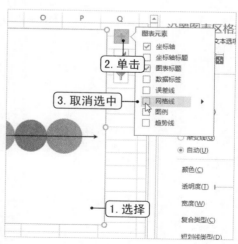

图9-55

⌨ **步骤13** 删除纵坐标轴，为气泡图设置对应的填充色，并添加相应的数据标签，然后为图表标题设置对应的字体格式，最后为图表添加相应格式的轮廓效果完成气泡对比图的创建，如图9-56所示。

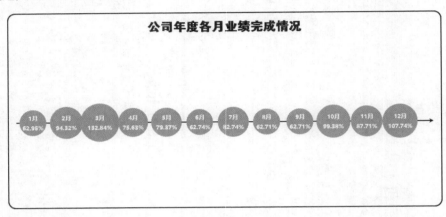

图9-56

在本例中，如果想要将目标任务添加到图表中作为参照，则按添加气泡图数据系列的方式，分别以A列、D列、E列和G列的数据创建气泡图，即可在当前气泡图的每个位置继续添加一个目标100%大小的气泡，为其设置相应的格式即可，如图9-57所示的图表中的黑色轮廓的气泡就是添加的目标任务的气泡图。

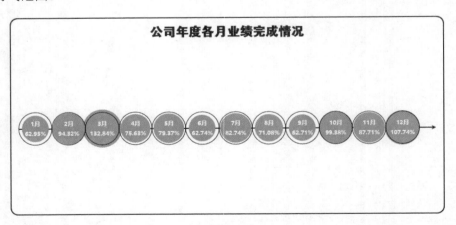

图9-57

第(10)章

完美提升，图表中的图形语言

在第2章我们了解到，在数据图表中应用图形对象可以提升数据表达的效果，让数据结果更加形象、直观。本章就来具体介绍，这些图形对象在数据图表中具体怎么用，从而提升图表的表现力。

● 在Excel图表中活用图形

- 将数据系列用形象的图片表达
- Excel图表中箭头形状的妙用
- 使用形状添加辅助说明信息
- 使用图形制作个性化的图表

● 图形元素的使用注意

- 不能追求"美"而选用复杂效果的图片
- 含文本的形状元素要简洁、统一

10.1　在Excel图表中活用图形

　　由于Excel是作为一种数据分析工具被广泛应用在工作中，虽然Excel也提供了一些美化操作，但是这些远远满足不了实际的需求。因此，为了让图表的表达效果更直接、美观，就需要在Excel中活用各种图形对象。下面具体介绍一些图形在Excel图表中的常见应用方法与处理技巧。

10.1.1　将数据系列用形象的图片表达

　　默认情况下，图表中的数据系列都是用各种形状来表示的，如柱形图、条形图、扇形等，除了从不同的颜色上对各种数据系列进行区分以外，要查看每个数据系列对应的是什么数据只能通过查阅图例或者添加数据标签来进行标识。

　　其实，在Excel中，完全可以借助各种实物图片将数据系列形象化表达，让读者更直接地了解数据的变化，也可以增强图表的视觉效果。

　　将数据系列用形象的图片表达有两种方式，一种是保留数据系列的原有效果，搭配相应的图片进行展示。如图10-1所示，直接在每个数据系列的底端分别使用不同的图形，让观众可以明确数据系列代表的是什么数据。

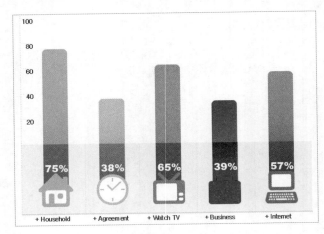

图10-1

另一种方法是直接用图片填充到数据系列中，从而让整个数据系列的表达更加形象化，如图10-2所示。

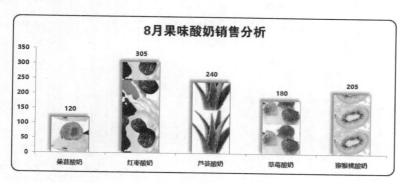

图10-2

下面通过具体的实例讲解将图片填充到数据系列中的相关操作，其具体操作方法如下。

案例精解

直观展示超市各类型酸奶的销量

本节素材	◎/素材/Chapter10/超市酸奶销量分析.xlsx、超市酸奶图片
本节效果	◎/效果/Chapter10/超市酸奶销量分析.xlsx

步骤01　打开"超市酸奶销量分析"素材文件，两次单击"桑葚酸奶"数据系列选择该数据系列，双击该数据系列打开"设置数据点格式"任务窗格，单击"填充与线条"按钮，展开"填充"栏，选中"图片或纹理填充"单选按钮，单击"插入图片来自"栏中的"文件"按钮，如图10-3所示。

步骤02　在打开的"插入图片"对话框中选择图片文件的保存位置，在中间的列表框中选择需要的图片，单击"插入"按钮，如图10-4所示。

步骤03　程序自动将选择的图片默认以

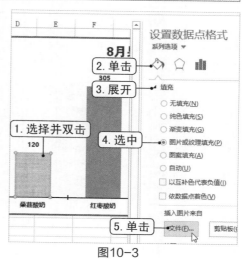

图10-3

"伸展"的方式填充到数据系列中，在返回的工作表中选中"设置数据点格式"任务窗格中的"层叠"单选按钮调整图片填充的方式，如图10-5所示。

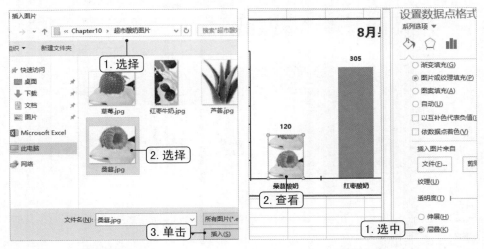

图10-4　　　　　　　　　　图10-5

步骤04 选择"红枣酸奶"数据系列，在"填充"栏中选中"图片或纹理填充"单选按钮，程序自动以刚使用过的图片进行伸展填充，单击"文件"按钮，如图10-6所示。

步骤05 在打开的"插入图片"对话框中选择合适的图片进行填充，在返回的"设置数据点格式"任务窗格中选中"层叠"单选按钮调整填充方式，如图10-7所示。

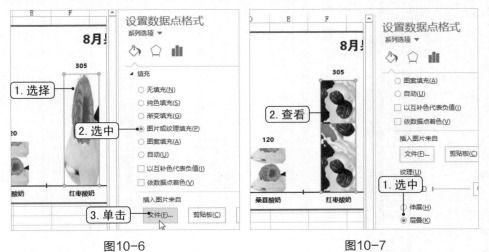

图10-6　　　　　　　　　　图10-7

步骤06 重复步骤04和步骤05的操作为其他数据系列设置相应的图片填充，最后单击

"关闭"按钮关闭任务窗格完成所有操作，如图10-8所示。

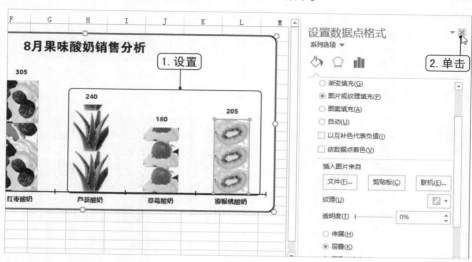

图10-8

10.1.2 Excel图表中箭头形状的妙用

在所有的形状中，箭头形状有着非常重要的意义，因为它具有方向性，所以可以对数据的增减变化进行描述，此外，它还可以对项目进行强调。

1.在柱形图中用箭头形状表达增减情况

在柱形图中，默认情况下是通过柱形形状的高度来判断相邻数据的增减变化，如果要强调某个数据增减变化，此时可以通过手动添加箭头来强调，下面通过具体的实例来介绍。

案例精解

在历年企业净利润统计柱形图中用箭头强调营业额降低

本节素材	◎/素材/Chapter10/近几年企业净利润分析.xlsx
本节效果	◎/效果/Chapter10/近几年企业净利润分析.xlsx

💾 **步骤01** 打开"近几年企业净利润分析"素材文件，单击"插入"选项卡，在"插图"组中单击"形状"下拉按钮，在弹出的下拉列表中选择"箭头汇总"栏中的向下箭头选项，如图10-9所示。

💾 **步骤02** 拖动鼠标光标在2019年净利润数据系列上方绘制一个向下的箭头形状，单击"绘图工具 格式"选项卡，单击"形状样式"组中的"形状填充"按钮右侧的下拉按钮，选择"深红"选项更改箭头的填充颜色，如图10-10所示。

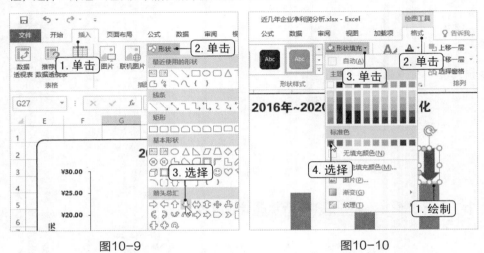

图10-9   图10-10

💾 **步骤03** 如图10-11所示为添加向下箭头形状的柱形图效果，从图中可以比较醒目地查看到2019年净利润下降的信息。

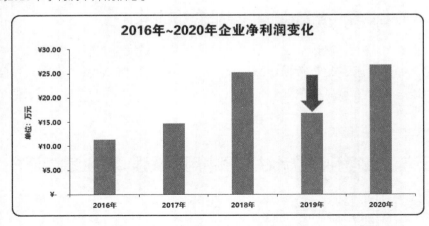

图10-11

除了直接添加箭头形状，还可以使用箭头形状替换柱形图中的柱形形状，这种情况在分析增减量时特别适用。下面通过具体的实例讲解相关的操作方法。

如图10-12所示为某风景区分析国庆节期间旅客量相对于去年而言的同比增减变化。

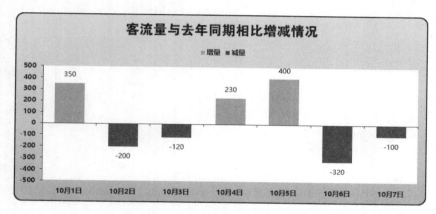

图10-12

从图中可以看到，对于增量数据用绿色进行了标识，而减量则用红色进行了标识。现在需要用向上的箭头标识增量数据，而用向下的箭头标识减量数据，其具体操作方法如下。

案例精解

用箭头方向指明客流量同比增减情况

本节素材	◎/素材/Chapter10/旅客增减量分析.xlsx
本节效果	◎/效果/Chapter10/旅客增减量分析.xlsx

步骤01 打开"旅客增减量分析"素材文件，在工作表中绘制一个指定大小的向上箭头形状，选择形状，单击"绘图工具 格式"选项卡，单击"形状样式"组中的"形状填充"按钮右侧的下拉按钮，在弹出的下拉菜单中选择"绿色"选项更改箭头的填充颜色，如图10-13所示。

步骤02 保持箭头形状的选择状态，单击"形状轮廓"按钮右侧的下拉按钮，在弹出的下拉菜单中选择"无轮廓"选项取消箭头形状的轮廓效果，如图10-14所示。

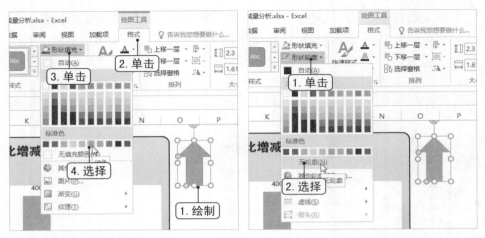

图10-13   图10-14

🔖 **步骤03** 选择形状，同时按住【Ctrl】键和【Shift】键不放，向右拖动鼠标复制一个副本箭头形状，单击"形状填充"按钮右侧的下拉按钮，选择"深红"选项更改箭头的填充颜色，如图10-15所示。

🔖 **步骤04** 保持副本箭头形状的选择状态，单击"排列"组中的"旋转"下拉按钮，在弹出的下拉菜单中选择"垂直翻转"选项将箭头形状垂直翻转，得到向下的箭头形状，如图10-16所示。

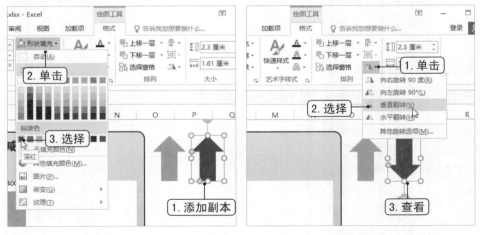

图10-15   图10-16

🔖 **步骤05** 选择向上的绿色箭头形状，按【Ctrl+X】组合键剪切该形状，选择图表中的增量数据系列，直接按【Ctrl+V】组合键执行粘贴即可将增量柱形数据系列更改为向上的箭头形状，如图10-17所示。

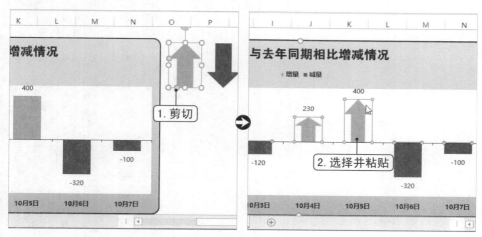

图10-17

步骤06 用相同的方法将减量数据系列的形状更改为向下的箭头形状，其最终的效果如图10-18所示，从图中可以比较醒目地查看到当年客流量与去年同期相比的增减情况。

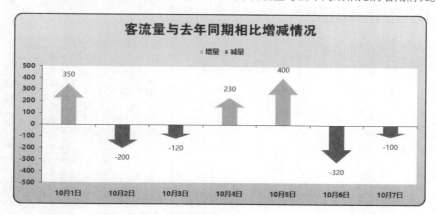

图10-18

2.在饼图中用箭头形状强调数据

在Excel中创建的饼图，其默认情况下，外观是一个完整的圆被分为多个扇区，每个扇区代表一个分类数据，通过扇区的大小可以直观地查看到各分类数据的占比大小，如图10-19所示。

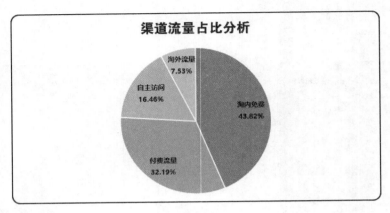

图10-19

现在要求通过箭头形状将占比最大的数据醒目地标识出来，其具体操作如下。

案例精解

用箭头形状突出流量占比最大的渠道

本节素材	◎/素材/Chapter10/店铺流量来源构成分析.xlsx
本节效果	◎/效果/Chapter10/店铺流量来源构成分析.xlsx

步骤01 打开"店铺流量来源构成分析"素材文件，两次单击图表中的"淘内免费"数据系列单独选择该扇区，单击"图表工具 格式"选项卡，在"形状样式"组中单击"形状填充"按钮右侧的下拉按钮，在弹出的下拉菜单中选择"白色，背景1"选项将该扇区设置为白色填充（如果图表有背景色或背景效果，这里需要将突出强调的扇区的填充色设置为与背景色相同或无填充色），如图10-20所示。

步骤02 在"图表工具 格式"选项卡"插入形状"组的列表框中选择向下箭头形状，拖动鼠标光标在图表中绘制一个向下的箭头形状，如图10-21所示。

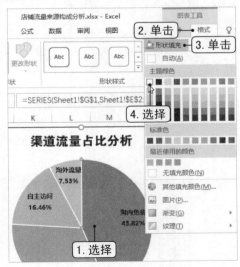

图10-20

步骤03 选择向下箭头形状，单击"绘图工具 格式"选项卡，将其填充色设置为"深红"颜色，单击"形状轮廓"按钮右侧的下拉按钮，在弹出的下拉菜单中选择"无轮廓"选项取消轮廓效果，如图10-22所示。

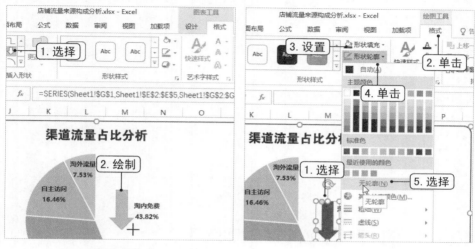

图10-21   图10-22

步骤04 选择向下箭头形状，其正上方将出现旋转控制柄，选择该控制柄，按住鼠标左键不放进行旋转，调整箭头形状的指向，如图10-23所示。

步骤05 单独选择淘内免费分类对应的数据标签，拖动鼠标光标调整其显示位置，如图10-24所示。

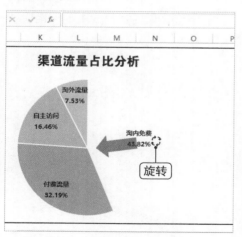

图10-23

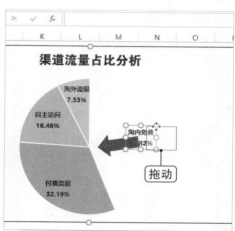

图10-24

> 🏷 **步骤06** 如图10-25所示为设置的最终效果，从图中可以醒目地查看到淘内免费渠道的
流量占比数据。

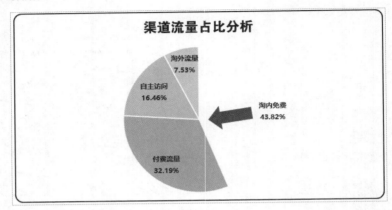

图10-25

10.1.3 使用形状添加辅助说明信息

　　Excel中的图表，其主要优势是对数据结果的直观显示。但是，如果我们想要通过图表传递给他人更多的结论或者说明信息，只能手动添加来完成。

　　在Excel中，系统提供了灵活的文本框形状和丰富的标注形状，通过这两个形状对象，可以方便地完成说明信息的添加。其中，文本框形状主要用于添加各种数据来源、脚注等信息，而标注形状则主要用于添加各种说明信息，如图10-26所示为常见的标注形状样式效果。

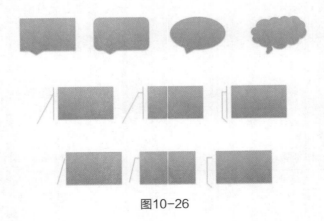

图10-26

下面通过具体的实例来讲解文本框形状和标注形状在图表中的具体实战应用。

如图10-27所示为制作的圆环图来分析中国云服务商的市场份额，其统计时间为2019年第四季度、2020年第一季度和2020年第二季度，该数据来源为Canalys。

其中值得说明的是，在这份数据报告中，华为云的份额增速比较快，在2019年第四季其份额不足8.8%，被列入其他云服务商中，2020年第一季增长到14.1%，第二季15.5%，侵占了一部分腾讯云和阿里云的份额。

华为云快速增长，原因分析有以下3点。

①"国产化"成为企业选择云服务的重要影响因素。

②2019年发布华为We-Link，云服务有了数字化工具抓手。

③开放鲲鹏生态。

统计时间	华为云	阿里云	腾讯云	百度云	其他
2019Q4	被列到其他云服务商中	46.40%	18.00%	8.80%	26.80%
2020Q1	14.10%	44.50%	13.90%	8.60%	19.00%
2020Q2	15.50%	40.10%	15.10%	8.00%	21.30%

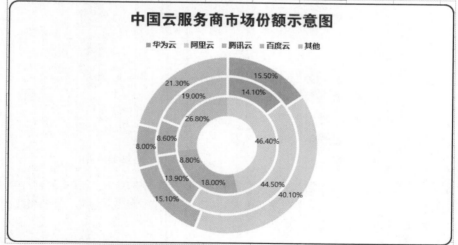

图10-27

现在需要对以上的圆环图进行优化设置，在其中对华为云份额快速增长的原因进行分析，并标识出3个圆环分别代表的统计时间。此外，为了增强数据的可信度，要求在图表下方添加数据来源。要实现这些效果，就需要使用到标注形状和文本框形状，其具体操作如下。

案例精解

在市场份额示意图中添加辅助说明文字和数据来源

本节素材	⊙/素材/Chapter10/云服务商市场份额分析.xlsx
本节效果	⊙/效果/Chapter10/云服务商市场份额分析.xlsx

步骤01 打开"云服务商市场份额分析"素材文件，单击"插入"选项卡，在"插图"组中单击"形状"下拉按钮，在弹出的下拉列表的"标注"栏中选择"线形标注1（带边框和强调线）"选项，如图10-28所示。

步骤02 拖动鼠标在图表的右侧绘制一个标注形状，选择该标注形状，在其上单击鼠标右键，在弹出的快捷菜单中选择"编辑文字"命令，如图10-29所示。

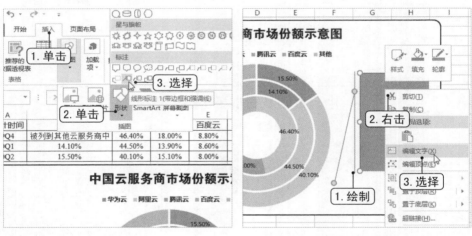

图10-28　　　　　　　　　　　　　　图10-29

步骤03 程序自动将文本插入点定位到该形状中，在其中输入相应的文本内容，选择标注形状对象，单击"开始"选项卡，在"字体"组中将字体格式设置为"微软雅黑、9号"，将字体颜色设置为黑色，如图10-30所示。

步骤04 保持标注形状对象的选择状态，单击"绘图工具 格式"选项卡，单击"形状样式"组中"形状填充"按钮右侧的下拉按钮，在弹出的下拉菜单中选择"无填充颜色"选项取消标注的填充色，如图10-31所示。

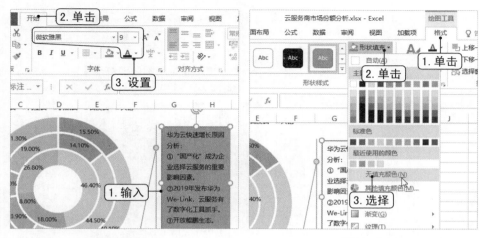

图10-30 图10-31

步骤05 单击"形状轮廓"按钮右侧的下拉按钮，在弹出的下拉菜单中选择一种颜色更改标注形状的轮廓颜色，如图10-32所示。

步骤06 再次单击"形状轮廓"按钮右侧的下拉按钮，在弹出的下拉菜单中选择"粗细"命令，在弹出的子菜单中选择"1.5磅"选项更改标注形状的轮廓粗细，如图10-33所示。

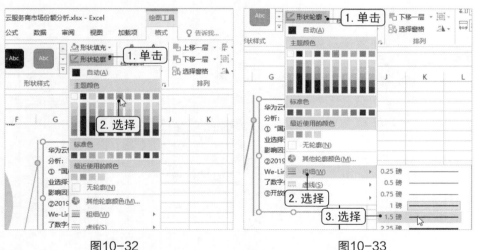

图10-32 图10-33

步骤07 保持标注形状的选择状态，在"绘图工具 格式"选项卡"大小"组中设置形状的高度和宽度分别为3.6厘米和5厘米，如图10-34所示。

步骤08 选择图表的绘图区，向左拖动鼠标调整圆环图的显示位置，选择标注形状，将其移动到圆环图右侧的合适位置，选择标注指示线上的控制点，拖动鼠标将控制点移动到华为云数据系列上，如图10-35所示。

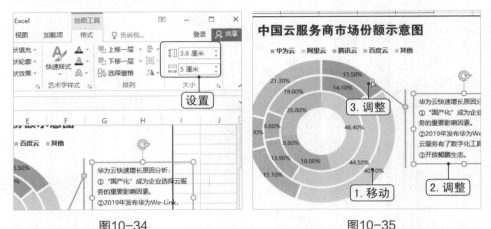

图10-34　　　　　　　　　　　　　　图10-35

步骤09 单击"绘图工具 格式"选项卡，在"插入形状"组的列表框中选择"文本框"选项，在图表左上角位置拖动鼠标光标绘制一个文本框，如图10-36所示。

步骤10 在其中输入相应的文本内容，并为其设置相应的字体格式，在"绘图工具 格式"选项卡"形状样式"组中单击"形状轮廓"按钮右侧的下拉按钮，选择"无轮廓"选项取消文本框的轮廓样式，如图10-37所示。

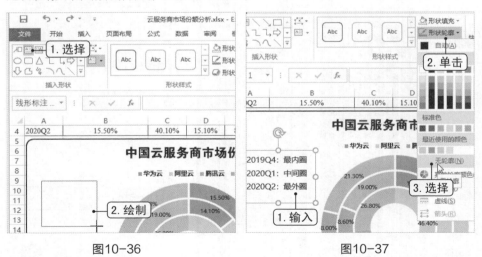

图10-36　　　　　　　　　　　　　　图10-37

步骤11 复制文本框形状，并将其移动到图表左下角，在其中输入指定格式的数据来源文本，如图10-38所示。

步骤12 选择图表、文本框形状和标注形状，单击"绘图工具 格式"选项卡，在"排列"组中单击"组合"按钮，选择"组合"命令将所有对象进行组合，如图10-39所示。

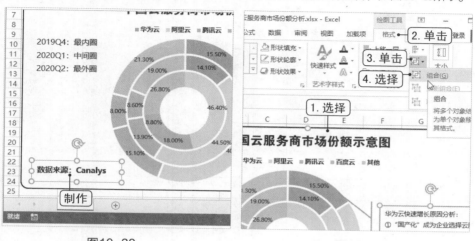

图10-38　　　　　　　　　　　　　　　　　　　图10-39

步骤13 如图10-40所示为最终的设置效果，从图中可以看到，通过文本框形状和标注形状在图表中添加说明文本后，图表内容更加丰富，而且数据对应也更清晰了。

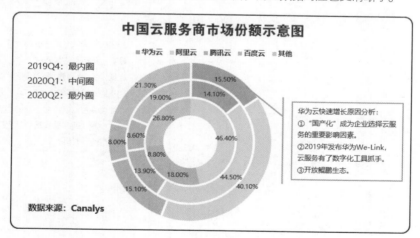

图10-40

辅助说明文本还有一种情况，即通过脚注的形式添加。要添加脚注，也需用文本框对象完成。

如图10-41所示的图表效果，在页面下方用脚注的形式对"家用物联网后装市场"这个专有名词进行解释。

图10-41

如图10-42所示的图表效果，运用文本框在图表的右侧添加针对图表的脚注，这种脚注内容通常是制作者根据数据分析结果得到的结论。

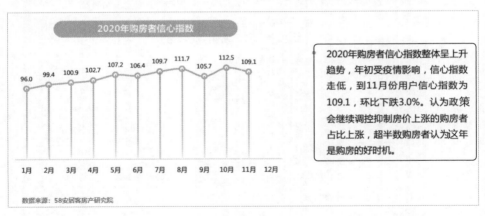

图10-42

10.1.4 使用图形制作个性化的图表

Excel中的图表，其结构效果相对而言比较单一，系统提供的美化功能也仅仅是从颜色和简单的效果出发，其效果也比较普通。

虽然在Excel中不能像平面设计工具那样对图表进行各种美化设计，但是通过添加具有个性化的形状效果，也可以制作出具有个性化的展示图表。

如图10-43所示图表效果，通过添加各种形状进行装饰，整个图表效果更加立体、更具个性化。

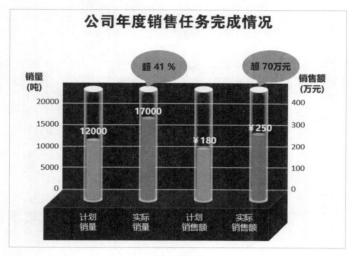

图10-43

下面通过具体的实例，讲解如何运用形状制作个性化的图表。

如图10-44所示为某公司年度各月的销售走势图表。

图10-44

现在要求通过添加形状让数据分为3个区间，即1月~6月一个区域，7月~10月一个区域，11月和12月一个区域，并且要求将最大月份的数据标签突出显示。

案例精解

优化公司年度各月的销售走势图表

本节素材	◎/素材/Chapter10/公司年度销售分析.xlsx
本节效果	◎/效果/Chapter10/公司年度销售分析.xlsx

步骤01 打开"公司年度销售分析"素材文件，单击"插入"选项卡，在"插图"组中单击"形状"下拉按钮，在弹出的下拉列表的"矩形"栏中选择"矩形"选项，如图10-45所示。

步骤02 拖动鼠标在图表上方绘制一个矩形形状，使其完全覆盖1月~6月的数据系列，形成第一个走势区间，如图10-46所示。

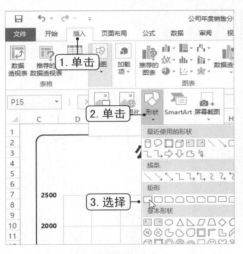

图10-45

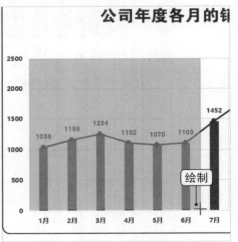

图10-46

步骤03 绘制一个矩形形状后程序会自动激活"绘图工具 格式"选项卡，此时要绘制其他形状，可直接通过"插入形状"组完成。这里直接在"插入形状"组的列表框中选择"立方体"形状，按住鼠标左键不放，拖动鼠标光标绘制一个宽度覆盖7月~10月的立方体形状，如图10-47所示。

步骤04 将绘制的立方体形状稍微向上移动一点，使其高于图表绘图区的高度，拖动立方体形状正面下边的边线到图表的横坐标轴位置，调整该立方体形状的高度，如图10-48所示。

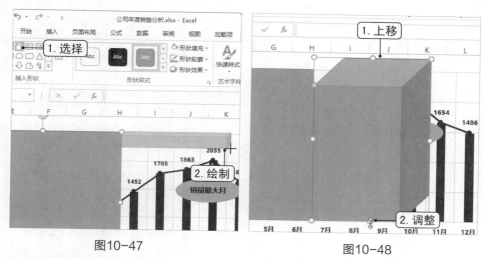

图10-47　　　　　　　　　　　　　　　　图10-48

步骤05 选择立方体形状正对面左上角的黄色控制点，按住鼠标左键不放，向上拖动鼠标光标至绘图区边线的位置，完成正方形形状立体效果的调整，如图10-49所示。

步骤06 复制一个立方体形状，调整其宽度，使其完全覆盖11月和12月的数据系列，形成第三个区间，并调整立方体形状的立体效果，使其与左侧立方体形状的立体效果一致，如图10-50所示。

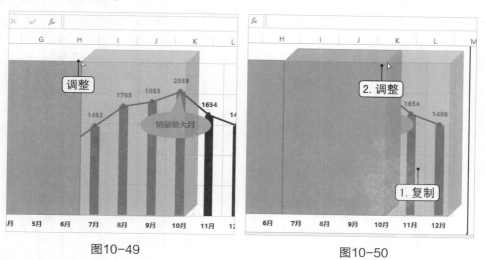

图10-49　　　　　　　　　　　　　　　　图10-50

步骤07 选择绘制的矩形形状和两个立方体形状，单击"绘图工具 格式"选项卡"形状样式"组中的"形状轮廓"按钮右侧的下拉按钮，在弹出的下拉菜单中选择"无轮廓"选项取消形状的轮廓效果，如图10-51所示。

步骤08 分别为矩形形状和两个立方体形状设置对应的填充色，选择右侧的立方体形状，单击"排列"组中的"下移一层"按钮使其置于中间立方体下方，如图10-52所示。

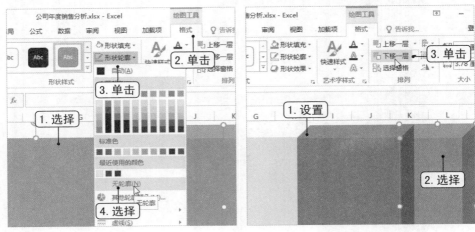

图10-51   图10-52

步骤09 选择矩形形状和两个立方体形状，单击"排列"组中的"组合"下拉按钮，在弹出的下拉列表中选择"组合"选项将所有形状组合为一个整体，如图10-53所示。

步骤10 选择组合的对象，单击"下移一层"按钮右侧的下拉按钮，在弹出的下拉列表中选择"置于底层"选项将组合对象置于图表对象的下方，如图10-54所示。

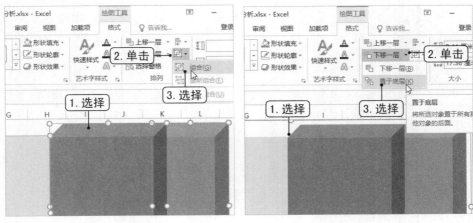

图10-53   图10-54

📖 **步骤11** 选择图表，单击"图表工具 格式"选项卡，在"形状样式"组中单击"形状填充"按钮右侧的下拉按钮，在弹出的下拉菜单中选择"无填充颜色"选项取消图表的填充色，此时即可查看到图表下方的组合对象，如图10-55所示。

📖 **步骤12** 添加一个黄色的圆形形状，将其移动到图表最大销量数据标签的上方，单击"绘图工具 格式"选项卡"排列"组中的"下移一层"按钮将其置于图表的下方，组合对象的上方，如图10-56所示。

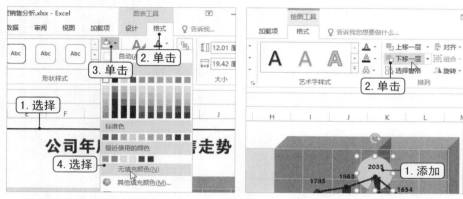

图10-55　　　　　　　　　　　　图10-56

📖 **步骤13** 完成设置后的最终效果如图10-57所示，从图中可以清晰地查看到，通过组合对象的方式将绘图区分成了3个区间，且黄色圆形形状突出显示了销量最大的月份的数据标签。

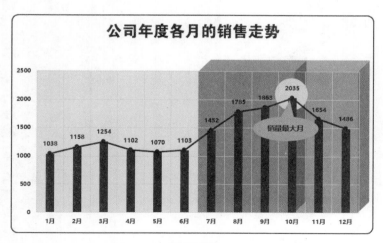

图10-57

10.2 图形元素的使用注意

虽然图形元素可以优化图表的显示效果，但是在使用过程中仍然要注意一些细节，下面分别进行介绍。

10.2.1 不能追求"美"而选用复杂效果的图片

图形元素是作为我们图表优化显示的一种装饰或者内容补充，我们的主体内容还是要聚集在图表本身，如果图形元素效果过于突出，反而会分散阅读者的注意力，从而让阅读者接收不到你要传递的数据信息。

如图10-58所示的图表，一味追求漂亮而使用了图片内容相对丰富的图片作为图表的背景填充，致使图表中的数据显示不够清晰，给人眼花缭乱的感觉。

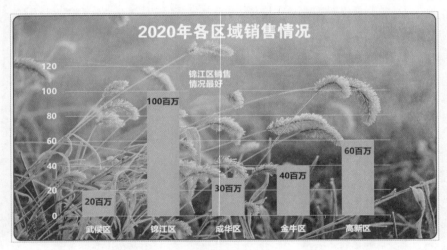

图10-58

图10-59选用了一张图片内容相对简明的图片作为背景图进行填充，相对而言，更能将读者的注意力聚焦到图表内容上。

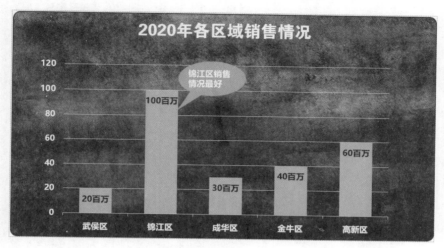

图10-59

10.2.2 含文本的形状元素要简洁、统一

在图表中含文本的元素主要是标注形状和文本框形状，这些形状中的文本内容都是对图表中数据信息的补充说明，不是图表的主体，要注意不能与主体内容冲突。

既然是用作添加文本，方便他人查看，因此其效果要尽量设置得简洁明了，尤其三维效果要慎用，过多的图形效果反而让图表整体效果显得不够专业、严谨。

此外，如果需要在图表中添加多个标注，此时标注形状也应尽量统一，让整个图表效果显得更和谐，丰富样式的标注形状会让图表显得杂乱。并且需要注意，标注形状在一个图表中尽量不要添加太多，过多的形状也会让图表显得杂乱，让读者抓不住重点。

如图10-60所示的对比效果，上图中的标注形状效果丰富，而且样式不同，整个图表效果给人杂乱的感觉，反而不容易查看图表的主要内容，影响图表阅读。

而下图的标注形状效果简洁、统一，给人清爽、专业的感觉，能够尽可能突出主题。

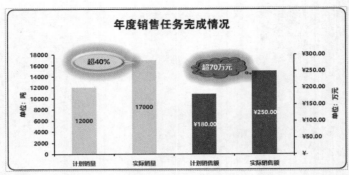

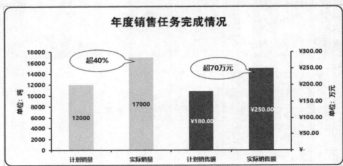

图10-60

第 11 章

不止这些，数据的其他可视化展示

数据的可视化展示一般情况下是指通过图表将数据内容进行直观显示，但是在Excel中，除了使用图表，还有其他可视化数据的方法，如使用迷你图、使用条件格式等。本章将具体介绍这些数据可视化方法的相关知识与操作。

● **使用迷你图可视化数据结果**

　　● 在单元格中创建迷你图的方法
　　● 按需对迷你图进行编辑

● **使用条件格式可视化数据结果**

　　● 用填充色突出显示某个范围的数据
　　● 将靠前/靠后的几个数据标记出来
　　● 用图形形状比较数据的大小
　　● 根据关键字突出显示对应的数据记录

11.1 使用迷你图可视化数据结果

迷你图作为嵌入单元格中的一种微型图表，其一般只能对数据进行简单的可视化展示。下面具体介绍这种图表如何使用。

11.1.1 在单元格中创建迷你图的方法

由于迷你图本身比较简单，没有那么多的种类和图表元素，因此其创建比Excel图表更简单，它主要是通过"插入"选项卡的"迷你图"组来完成的，下面通过具体的实例讲解创建迷你图的相关操作。

案例精解

用柱形迷你图直观展示各部门的费用支出情况

本节素材	◎/素材/Chapter11/各部门费用支出统计.xlsx
本节效果	◎/效果/Chapter11/各部门费用支出统计.xlsx

步骤01 打开"各部门费用支出统计"素材文件，选择G2单元格，单击"插入"选项卡，在"迷你图"组中单击"柱形图"按钮，如图11-1所示。

步骤02 在打开的"创建迷你图"对话框中直接拖动鼠标选择B2:F2单元格区域即可将该单元格区域设置为创建迷你图的数据范围，单击"确定"按钮，如图11-2所示。

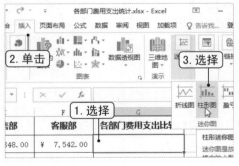

图11-1   图11-2

步骤03　在返回的工作表中即可查看到创建的迷你图效果，选择该迷你图所在的单元格，拖动其右下角的控制柄到G13单元格，释放鼠标左键后即可快速创建其他月份各部门的费用支出数据，如图11-3所示。

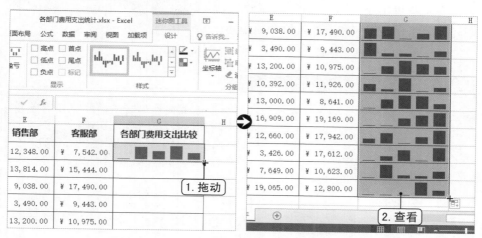

图11-3

除了拖动创建迷你图，还可以全选所有需要创建迷你图的单元格区域，打开"创建迷你图"对话框，然后在"数据范围"参数框中选择所有要创建迷你图的数据源，单击"确定"按钮即可完成迷你图的快速创建，如图11-4所示。

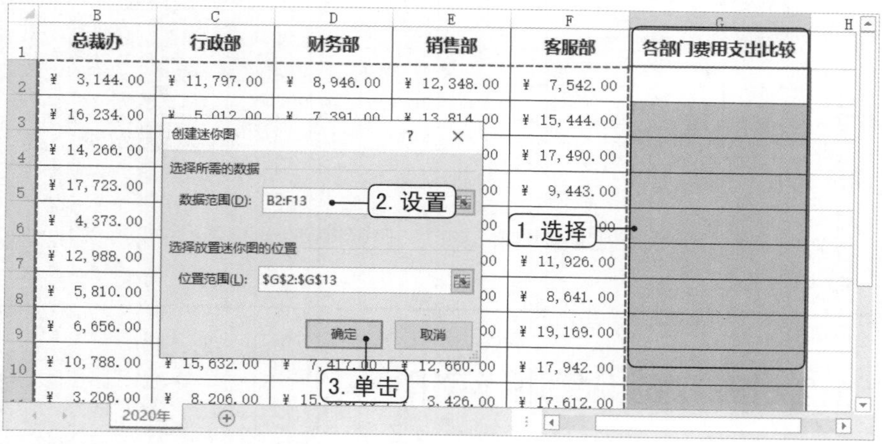

图11-4

需要注意的是，通过拖动控制柄复制的方式为其他单元格区域创建对应的迷你图以及全选迷你图单元格创建的迷你图，所创建的迷你图将形成一个迷你图组，即选择某一个迷你图进行格式设置，将对整个迷你图组进行设置。

如果是每个迷你图单元格都执行一次创建迷你图的操作，那么这些迷你图之间就不存在组关系，而是单个的个体。

知识延伸 | 如何删除创建的迷你图

无论是单个的迷你图还是迷你图组，通过选择迷你图所在的单元格后按【Delete】键是不能删除迷你图的。如果要删除迷你图，可选择需要删除的迷你图所在单元格，在"迷你图工具 设计"选项卡"分组"组中单击"清除"按钮右侧的下拉按钮，在弹出的下拉列表中选择"清除所选的迷你图"选项可以将迷你图组中某个单元格的迷你图清除，如图11-5所示。

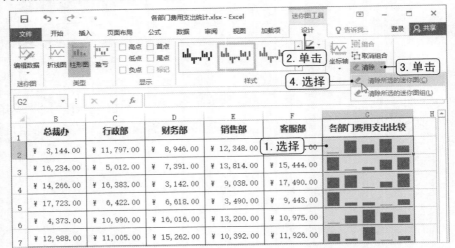

图11-5

如果选择"清除所选的迷你图组"选项，则可将整个迷你图组中的所有单元格的迷你图清除。

11.1.2 按需对迷你图进行编辑

虽然迷你图比较简单，但是Excel也为其提供了一些设置项，通过这些设置项可以对迷你图的数据源、类型、标记显示、样式、标记样式等进行设置。这些设置项都集中在"迷你图工具 设计"选项卡中，通过该选项卡即可方便地完成这些设置操作。下面通过具体的实例讲解一些常见的迷你图编辑操作。

如图11-6所示为某公司各部门费用支出分析迷你图。

时间	总裁办	行政部	财务部	销售部	客服部
	A	B	C	D	E	F
1月	¥ 3,144.00	¥ 11,797.00	¥ 8,946.00	¥ 12,348.00	¥ 7,542.00
2月	¥ 16,234.00	¥ 5,012.00	¥ 7,391.00	¥ 13,814.00	¥ 15,444.00
3月	¥ 14,266.00	¥ 16,383.00	¥ 3,142.00	¥ 9,038.00	¥ 17,490.00
4月	¥ 17,723.00	¥ 6,422.00	¥ 6,618.00	¥ 3,490.00	¥ 9,443.00
5月	¥ 4,373.00	¥ 10,990.00	¥ 16,016.00	¥ 13,200.00	¥ 10,975.00
6月	¥ 12,988.00	¥ 11,005.00	¥ 15,262.00	¥ 10,392.00	¥ 11,926.00
7月	¥ 5,810.00	¥ 10,971.00	¥ 13,249.00	¥ 13,000.00	¥ 8,641.00
8月	¥ 6,656.00	¥ 6,507.00	¥ 13,624.00	¥ 16,909.00	¥ 19,169.00
9月	¥ 10,788.00	¥ 15,632.00	¥ 7,417.00	¥ 12,660.00	¥ 17,942.00
10月	¥ 3,206.00	¥ 8,206.00	¥ 15,036.00	¥ 3,426.00	¥ 17,612.00
11月	¥ 6,095.00	¥ 14,849.00	¥ 7,934.00	¥ 7,649.00	¥ 10,623.00
12月	¥ 9,166.00	¥ 8,815.00	¥ 9,182.00	¥ 19,065.00	¥ 12,800.00
部门年度费用支出分析					

图11-6

现在要求将迷你图类型更改为折线迷你图，用于分析各部门年度费用支出的走势，并将最高点和最低点标识出来。其具体操作如下。

案例精解

编辑各部门年度支出迷你图的效果

本节素材	◎/素材/Chapter11/各部门费用支出统计1.xlsx
本节效果	◎/效果/Chapter11/各部门费用支出统计1.xlsx

步骤01 打开"各部门费用支出统计1"素材文件，选择B14单元格，单击"迷你图工具 设计"选项卡，在"类型"组中单击"折线图"按钮，程序自动将柱形迷你图更改为折线迷你图，如图11-7所示。

步骤02 在"显示"组中选中"高点"和"低点"复选框，程序自动在折线迷你图中将折线中的最大值和最小值数据点突出显示出来，如图11-8所示。

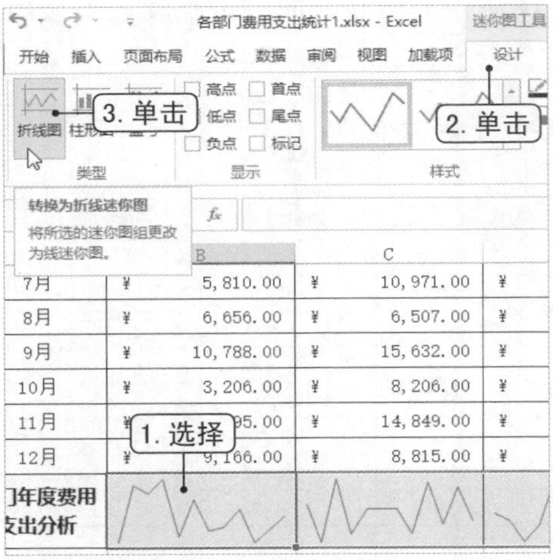

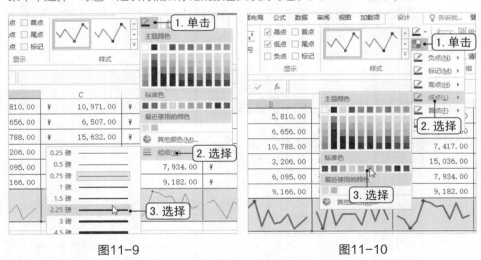

图11-7 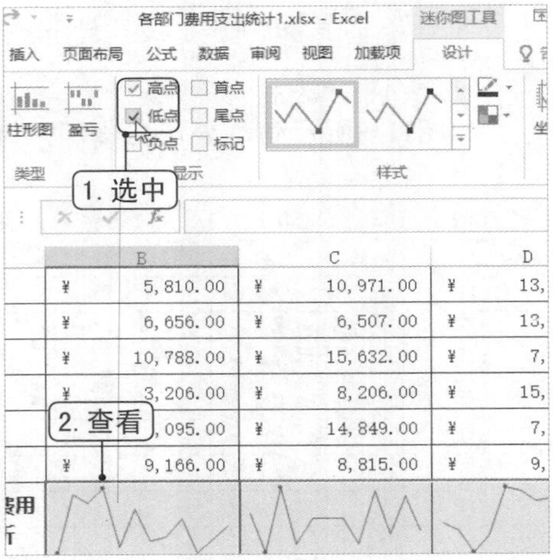　　　　　　　　　　　　　　　　图11-8

步骤03 单击"样式"组中的"迷你图颜色"按钮右侧的下拉按钮，在弹出的下拉菜单中选择"粗细"命令，在其子菜单中选择"2.25磅"选项更改折线迷你图的粗细，如图11-9所示。

步骤04 单击"标记颜色"下拉按钮，在弹出的下拉菜单中选择"低点"命令，在其子菜单中选择"绿色"选项将低点标记的颜色更改为绿色，如图11-10所示。

图11-9　　　　　　　　　　　　　　　　图11-10

步骤05 如图11-11所示为编辑迷你图的最终效果，从每个单元格中迷你图的折线趋势可以清晰地查看各部门当年各月费用支出的走势变化，并且通过高低标记点可以清晰地查看支出最高和最低的月份。

时间	总裁办	行政部	财务部	销售部	客服部
1月	¥ 3,144.00	¥ 11,797.00	¥ 8,946.00	¥ 12,348.00	¥ 7,542.00
2月	¥ 16,234.00	¥ 5,012.00	¥ 7,391.00	¥ 13,814.00	¥ 15,444.00
3月	¥ 14,266.00	¥ 16,383.00	¥ 3,142.00	¥ 9,038.00	¥ 17,490.00
4月	¥ 17,723.00	¥ 6,422.00	¥ 6,618.00	¥ 3,490.00	¥ 9,443.00
5月	¥ 4,373.00	¥ 10,990.00	¥ 16,016.00	¥ 13,200.00	¥ 10,975.00
6月	¥ 12,988.00	¥ 11,005.00	¥ 15,262.00	¥ 10,392.00	¥ 11,926.00
7月	¥ 5,810.00	¥ 10,971.00	¥ 13,249.00	¥ 13,000.00	¥ 8,641.00
8月	¥ 6,656.00	¥ 6,507.00	¥ 13,624.00	¥ 16,909.00	¥ 19,169.00
9月	¥ 10,788.00	¥ 15,632.00	¥ 7,417.00	¥ 12,660.00	¥ 17,942.00
10月	¥ 3,206.00	¥ 8,206.00	¥ 15,036.00	¥ 3,426.00	¥ 17,612.00
11月	¥ 6,095.00	¥ 14,849.00	¥ 7,934.00	¥ 7,649.00	¥ 10,623.00
12月	¥ 9,166.00	¥ 8,815.00	¥ 9,182.00	¥ 19,065.00	¥ 12,800.00
部门年度费用支出分析					

图11-11

11.2　使用条件格式可视化数据结果

无论是图表还是迷你图，都是通过创建其他对象或者用其他绘制图形来展示数据，而条件格式则是直接在数据源上将符合条件的数据可视化展示，本节将具体介绍使用条件格式可视化数据结果的相关应用。

11.2.1　用填充色突出显示某个范围的数据

在Excel中，如果要将一组数据中某个范围的数据用填充色的方式突出显示出来，以引起报表使用者的注意，可以使用程序提供的条件格式功能中的突出显示单元格规则来设置。

如图11-12所示为突出显示单元格规则中的各种命令及其功能介绍。

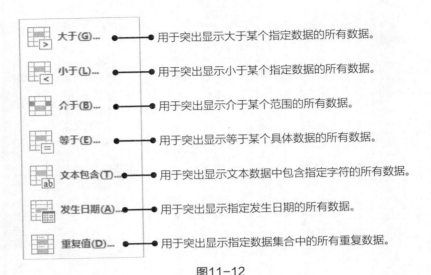

图11-12

　　不管是在哪个范围内，所有突出单元格规则的设置操作都是相同的，下面以在"商品动销率分析"工作表中将宝贝SKU动销率数据低于10%的数据突出显示为例，讲解用颜色突出显示某个范围的数据的相关操作，其具体操作如下。

案例精解

用颜色突出显示宝贝SKU动销率低于10%的数据

本节素材	◉/素材/Chapter11/商品动销率分析.xlsx
本节效果	◉/效果/Chapter11/商品动销率分析.xlsx

步骤01 打开"商品动销率分析"素材文件，选择G2:G21单元格区域，在"开始"选项卡"样式"组中单击"条件格式"下拉按钮，在弹出的下拉菜单中选择"突出显示单元格规则"命令，在弹出的子菜单中选择"小于"命令，如图11-13所示。

步骤02 在打开的"小于"对话框的参数框中输入"10%"，单击"设置为"下拉列表框右侧的下拉按钮，在弹出的下拉列表中内置了一些突出显示效果，这里选择"浅红色填充"选项（如果内置的突出显示效果不符合需求，可以选择"自定义格式"命令，在打开的对话框中进行自定义设置），如图11-14所示。

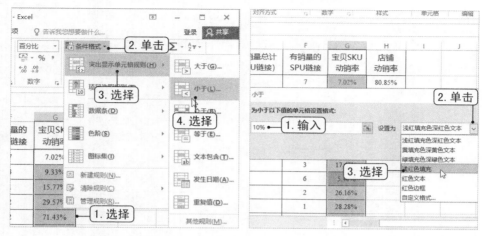

图11-13　　　　　　　　　　　　图11-14

步骤03 单击"确定"按钮关闭"小于"对话框，在返回的工作表中即可查看到程序自动将所有宝贝SKU动销率数据低于10%的单元格以浅红色填充效果进行突出显示，如图11-15所示。

	一级分类	二级分类	SPU链接数量	近30天商品库存总量（SKU链接数量）	近30天商品销量总计（有销量的SKU链接）	有销量的SPU链接	宝贝SKU动销率	店铺动销率
2		纤维被	9	285	20	7	7.02%	80.85%
3		羊毛被	5	375	35	4	9.33%	
4	被芯	棉花被	1	501	79	1	15.77%	
5		蚕丝被	2	186	55	2	29.57%	
6		羽绒被	2	105	75	2	71.43%	
7		秋冬被	6	354	86	5	24.29%	
8		全棉套件	5	600	106		17.67%	
9	套件	四件套	6	1000	54		5.40%	
10		三件套	3	367	96	2	26.16%	
11		婚庆套件	1	297	84	1	28.28%	
12		纤维枕	9	574	114	7	19.86%	
13	枕芯	儿童枕	4	689	30		4.35%	
14		保健枕	9	1022	286	6	27.98%	

图11-15

11.2.2　将靠前/靠后的几个数据标记出来

最值数据是数据分析过程中经常需要展现的数据，如最大值、最小值、最大的几项值、最小的几项值。如果用户只需要实时查看一组数据中靠前或者靠后的数据，可以使用条件格式功能中的项目选取规则来实现。

如图11-16所示为项目选取规则中的各种命令及其功能介绍。

在一组数据中突出显示值靠前的数据。

在一组数据中突出显示这组数据中前百分之几的数据。

在一组数据中突出显示值靠后的数据。

在一组数据中突出显示这组数据中后百分之几的数据。

在一组数据中突出显示所有高于这组数据平均值的数据。

在一组数据中突出显示所有低于这组数据平均值的数据。

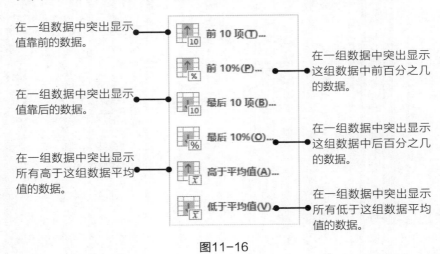

图11-16

下面以在"商品利润区间分析"工作表中将这次统计的商品中利润最小的5种商品的利润突出显示出来为例，讲解项目选取规则的具体使用方法，其具体操作如下。

案例精解

突出利润最小的5种商品的利润数据

本节素材	◎/素材/Chapter11/商品利润区间分析.xlsx
本节效果	◎/效果/Chapter11/商品利润区间分析.xlsx

步骤01 打开"商品利润区间分析"素材文件，选择G2:G41单元格区域，在"开始"选项卡"样式"组中单击"条件格式"下拉按钮，在弹出的下拉菜单中选择"项目选取规则"命令，在弹出的子菜单中选择"最后10项"命令，如图11-17所示。

步骤02 在打开的"最后10项"对话框的数值框中输入"5"，单击"设置为"下拉列表框右侧的下拉按钮，在弹出的下拉菜单中选择"自定义格式"命令打开"设置单元格格式"对话框，如图11-18所示。

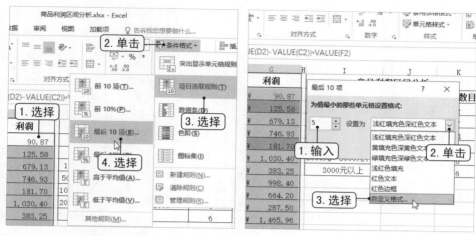

图11-17　　　　　　　　　　　　　　　图11-18

步骤03　在该对话框中单击"填充"选项卡，在"背景色"栏中选择一种填充色，这里选择"黄色"选项，如图11-19所示。单击"确定"按钮关闭对话框。

步骤04　在返回的"最后10项"对话框中可以预览到设置的项目选取规则的效果，单击"确定"按钮确认设置的项目选取规则并关闭对话框完成整个操作，如图11-20所示。

图11-19　　　　　　　　　　　　　　　图11-20

11.2.3　用图形形状比较数据的大小

在分析数据的过程中，有时候需要比较几个相邻单元格的大小，当数值比较大，且相邻几个数据之间的差异不大时，使用图形形状来比较数据大小是最直观的一种方式。在条件格式中，数据条、色阶和图标集都是用于比较数据大小的工具，其使用方法比较简单，直接选择数据源后，在对应的条件格式中选择需要的数据条、色阶或者图标集选项即可。如图11-21所示为选择累计销售总金额数据后，在数据条工具中选择一种数据条样式来比较数据大小的效果。

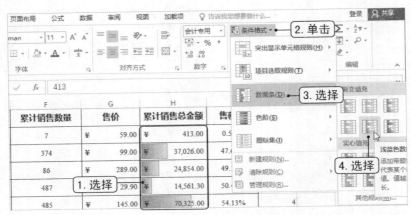

图11-21

除了直接使用内置的样式来快速比较数据大小，还可以对数据条、色阶、图标集的显示规则进行自定义设置，从而让数据的可视化展示更符合实际需求。

自定义显示规则的操作类似，下面通过在"年度财务报告"工作表中自定义图标集的显示规则，以此为例讲解自定义显示规则的相关操作，其具体操作如下。（本例中，约定将财务指标百分比数据为正值的数据用向上的绿色箭头显示，百分比数据为0用向右的黄色箭头显示，百分比数据为负值的数据用向下的红色箭头显示）。

案例精解

用箭头图标集指明财务指标数据的升降方向

本节素材	◎/素材/Chapter11/年度财务报告.xlsx
本节效果	◎/效果/Chapter11/年度财务报告.xlsx

步骤01 打开"年度财务报告"素材文件，选择H15:H22单元格区域，在"开始"选

项卡"样式"组中单击"条件格式"下拉按钮，在弹出的下拉菜单中选择"图标集"命令，在其子菜单中选择"其他规则"命令，如图11-22所示。

步骤02 在打开的"新建格式规则"对话框中单击"图标样式"下拉按钮，在弹出的下拉列表中选择"三向箭头（彩色）"选项，如图11-23所示。

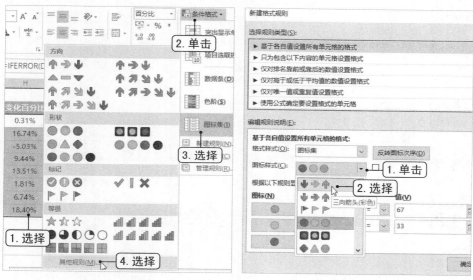

图11-22　　　　　　　　　　　图11-23

步骤03 单击向上箭头对应的"当值是"下拉列表框右侧的下拉按钮，在弹出的下拉列表中选择">"选项，如图11-24所示。

步骤04 在"值"参数框中输入"0"，单击"类型"下拉列表框右侧的下拉按钮，在弹出的下拉列表中选择"数字"选项设置向上箭头的规则，如图11-25所示。

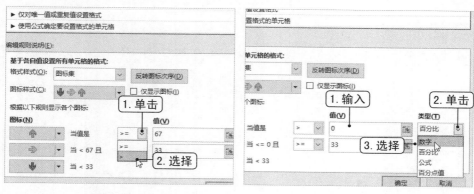

图11-24　　　　　　　　　　　图11-25

🔲 **步骤05** 在水平向右的箭头的"值"参数框中输入0，再将"类型"设置为"数字"完成规则的设置，单击"确定"按钮，程序自动应用设置的图标集条件格式规则，如图11-26所示。

图11-26

11.2.4 根据关键字突出显示对应的数据记录

前面介绍的所有条件格式功能都能对符合条件的数据进行突出显示，但是有时候需要查看与该数据相关的整条记录的信息，此时可以通过编辑公式的方式，将符合条件的数据所在的整条数据记录进行突出显示。

下面通过在"商品库存可销售周数预估"工作表中将库存可销售周数小于等于2的所有商品记录突出显示，以此为例讲解对符合条件的整条数据记录突出显示的相关操作，其具体操作如下。

📢 **案例精解**

自动突出显示库存可销售周数小于等于2的记录

本节素材	◎/素材/Chapter11/商品库存可销售周数预估.xlsx
本节效果	◎/效果/Chapter11/商品库存可销售周数预估.xlsx

🔲 **步骤01** 打开"商品库存可销售周数预估"素材文件，选择A2:F16单元格区域，单击"条件格式"下拉按钮，在弹出的下拉菜单中选择"新建规则"命令，如图11-27所示。

🔲 **步骤02** 在打开的"新建格式规则"对话框中选择"使用公式确定要设置格式的单元格"选项，在"为符合此公式的值设置格式"文本框中输入"=$F2<=2"公式， 单击

"格式"按钮，如图11-28所示。

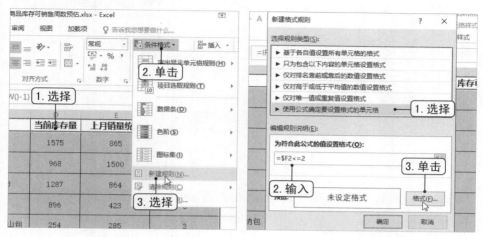

图11-27　　　　　　　　　　　　图11-28

步骤03 在打开的"设置单元格格式"对话框中单击"填充"选项卡，在"背景色"栏中选择一种填充颜色，这里选择"黄色"选项，如图11-29所示。单击"确定"按钮关闭该对话框。

步骤04 在返回的"新建格式规则"对话框的预览区域即可预览设置的突出显示规则效果，单击"确定"按钮关闭对话框，如图11-30所示。

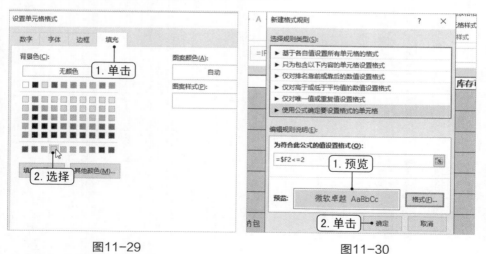

图11-29　　　　　　　　　　　　图11-30

步骤05 在返回的工作表中即可查看到，在该工作表中，所有库存可销售周数小于等于2的记录都被突出显示出来了，如图11-31所示。

	A	B	C	D	E	F	G
1	序号	商品名称	货号	当前库存量	上月销量统计	库存可销售周数	
2	1	户外运动用品手臂包	B-01	1575	865	7	
3	2	男士户外多功能斜挎胸包	133	968	1500	2	
4	3	干湿分离游泳包	HY258	1287	864	5	
5	4	pvc透明防水瑜伽游泳包	9958	896	423	8	
6	5	休闲旅游旅行时尚背包	1701#登山包	254	285	3	
7	6	健身运动包	567342636	452	643	2	
8	7	户外旅行防水尼龙折叠收纳包	LZFJBB1-9-13	1021	864	4	
9	8	户外运动军迷背包	205	965	486	7	

图11-31

　　在本例中，"=$F2<=2"公式就是用于判断库存可销售周期是否小于等于2，其中"$F2"单元格的列标必须采用绝对引用，即在A2:F2单元格区域中都判断F2单元格中的值是否小于等于2。如果将公式中"$F2"部分的"$"符号删除，则表示判断当前行的每个单元格的值是否小于等于2，则最后就不会将整条记录突出显示出来了。

第 12 章

相互协作，图表与其他组件结合

如果制作好的图表后期不再需要调整，则可以以图片的形式添加到Word报告或PPT演示报告中。但是如果需要同步进行编辑，则需要通过嵌入的方式在报告文档或PPT中添加图表，这样能够方便图表的后期管理，这就需要图表制作者掌握一定的图表协作操作。

● **Excel图表与Word结合使用**

- 在Word中嵌入Excel图表
- 在Word中设置图表的样式
- 更改文档中图表的数据源
- Word图表中的图表更新

● **Excel图表与PowerPoint结合使用**

- 在幻灯片中添加Excel图表
- 将图表直接复制到PPT中
- 直接将已有数据作为源数据
- 以可编辑的形状引入图表
- 让图表的各组成部分单独出现

12.1 Excel图表与Word结合使用

Word是Office办公组件中的文字编排工具，通常情况下数据分析工作完成后都需要制作分析报告，则是通过Word实现。

因此，制作分析报告的过程中就需要将分析过程中产生的有价值的图表添加到报告文档中，这就需要数据分析工作者掌握一定的Excel图表与Word结合使用的知识和操作。

12.1.1 在Word中嵌入Excel图表

图表不仅可以在Excel中存在，还可以在Word中嵌入图表，使Word文档通过图表变得更直观，提升文档档次。

在Word文档中嵌入图表的方法主要有3种，分别是以图片形式嵌入图表、在Word中创建图表以及通过自定义粘贴的方式添加图表，下面分别进行介绍。

1.以图片形式嵌入图表

如果确定分析结果为最终效果，则可以将其以图片的形式嵌入到数据分析文档中，这样不仅操作简单，还能够防止他人对图表数据进行修改，影响报告结果的准确性。

以图片嵌入的操作方法比较简单，只需要在Excel中制作好图表，然后复制该图表，在分析报告文档的合适位置定位文本插入点，单击鼠标右键，在弹出的快捷菜单中的"粘贴选项"栏中选择"图片"命令，即可将图表以图片的形式粘贴到文档中，如图12-1所示。

需要注意的是，嵌入成图片以后就不能够再对图表数据进行修改，只能设置图片的效果。

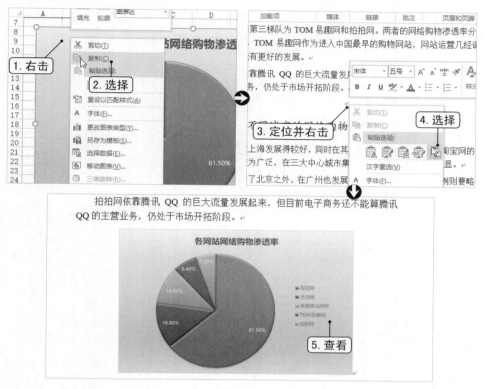

图12-1

2.在Word中创建图表

在数据分析报告的制作过程中，有时需要根据报告现有数据制作图表进行数据的直观展示，此时就可以在Word文档中的目标位置直接插入图表。

下面以在"网络购物市场宏观状况"文档中根据现有的表格数据插入图表展示不同城市的网络购物渗透率为例介绍相关操作。

案例精解

在Word文档中创建图表展示网络购物渗透率

本节素材	⊙/素材/Chapter12/网络购物市场宏观状况.docx
本节效果	⊙/效果/Chapter12/网络购物市场宏观状况.docx

步骤01 打开"网络购物市场宏观状况"素材文件，在表1下方的段落之前定位文本插入点，按【Enter】键换行，选择该行的段落标记，单击"开始"选项卡"段落"组中的"对话框启动器"按钮，如图12-2所示。

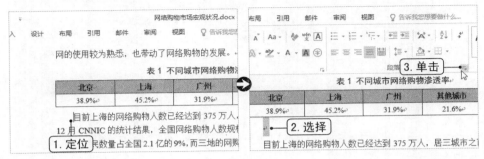

图12-2

步骤02 在打开的"段落"对话框中的"缩进和间距"选项卡中的"对齐方式"下拉列表框中选择"居中"选项，单击"缩进"栏中的"特殊格式"下拉列表框右侧的下拉按钮，选择"（无）"选项，如图12-3所示。

步骤03 单击"间距"栏中的"行距"下拉列表框右侧的下拉按钮，选择"单倍行距"选项，单击"确定"按钮，如图12-4所示。（默认情况下的固定值12磅无法完全显示图表）

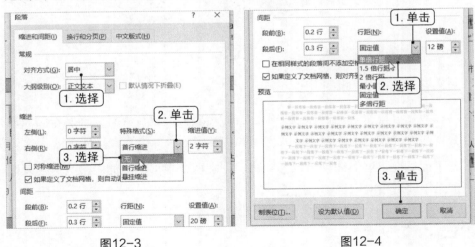

图12-3   图12-4

步骤04 将文本插入点定位到新插入的一行中，单击"插入"选项卡"插图"组中的"图表"按钮，如图12-5所示。

步骤05 在打开的"插入图表"对话框的"所有图表"选项卡中单击"饼图"选项卡，在右侧展开的列表中双击"三维饼图"选项即可创建饼图，如图12-6所示。

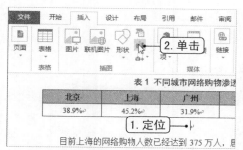

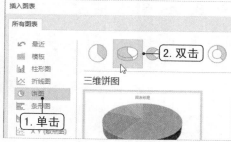

图12-5　　　　　　　　　　　　　　　　　　图12-6

步骤06 在打开的 "Microsoft Word中的图表" 界面中输入对应的图表数据，完成后关闭该界面，如图12-7所示。

步骤07 单击图表右侧的 "图表元素" 按钮，在打开的面板中单击 "数据标签" 选项右侧的展开按钮，在弹出的下拉菜单中选择 "数据标签内" 选项，如图12-8所示。

图12-7　　　　　　　　　　　　　　　　　　图12-8

步骤08 为图表中的文本设置合适的格式，完成后的最终效果如图12-9所示。

图12-9

3.通过自定义粘贴的方式添加图表

除了前面介绍的两种方法在Word文档中嵌入图表外，还可以通过"选择性粘贴"对话框自定义粘贴的方式将图表添加到文档中。

自定义粘贴的方式添加图表主要有两种类型，且这两种方式创建的图表有一定的差别，下面分别进行介绍。

● 以图形对象粘贴 在"选择性粘贴"对话框中选择"Microsoft Office图形对象"选项可以将图表以图形对象粘贴，这种方式添加的图表，在选择该图表后可在Word中激活"图表工具"选项卡组，能够像在Excel中一样对图表进行设置，如图12-10所示。

图12-10

● 以图表对象粘贴 在"选择性粘贴"对话框中选择"Microsoft Excel图表 对象"选项可以将图表以图表对象粘贴，这种方式添加的图表，双击该图表，即可在Word中激活Excel窗口，在该窗口中可以实现对图表进行编辑，如图12-11所示。

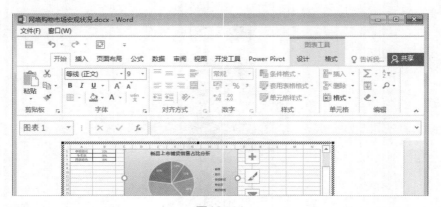

图12-11

12.1.2 在Word中设置图表的样式

在Word文档中不仅可以添加Excel中的图表，还可以在文档中对添加的图表进行格式设置。

下面以在"市场调查报告"文档中对已经存在的柱形图进行图表样式设置为例介绍相关操作。

案例精解

美化失眠表现分析图表

本节素材	◎/素材/Chapter12/市场调查报告.docx
本节效果	◎/效果/Chapter12/市场调查报告.docx

步骤01 打开"市场调查报告"素材文件，选择第二页第二个图表，在"图表工具 设计"选项卡中的"图表样式"组中选择"样式2"图表样式，如图12-12所示。

步骤02 选择图表，单击"图表元素"按钮，在打开的面板中单击"图例"选项右侧的展开按钮，在弹出的下拉菜单中选择"右"选项，如图12-13所示。

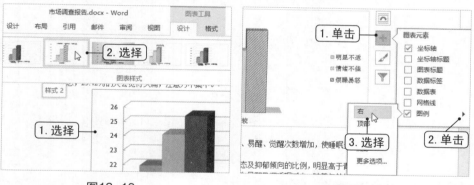

图12-12　　　　　　　　　　　　　　　　图12-13

步骤03 选择图表，按【Ctrl+1】组合键打开"设置图表区格式"窗格，单击"填充与线条"按钮，在"填充"栏中选中"渐变填充"单选按钮，单击"渐变预设"下拉按钮，选择"浅色渐变一个性色4"选项，如图12-14所示。

步骤04 展开下方的"边框"栏，选中底部的"圆角"复选框，将图表设置为圆角效果，如图12-15所示。

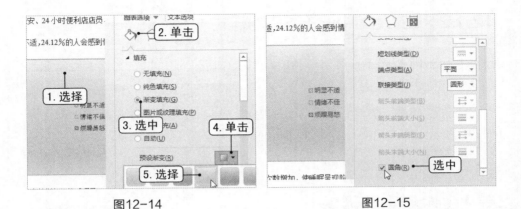

图12-14   图12-15

步骤05　最后为图表中的文本设置合适的字体格式，完成整个操作，其最终效果如图12-16所示。

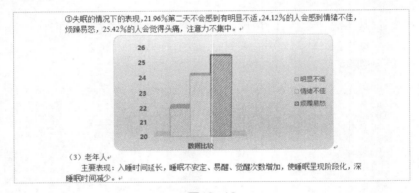

图12-16

图表的其他设置操作与Excel中基本相同，其他设置可参考前面章节的Excel图表操作，这里不再重复讲解。

12.1.3　更改文档中图表的数据源

前面介绍了3种Excel图表添加到Word文档的方式，以图片格式添加的图表数据源是不能够进行更改的，而对于另外两种方式添加的图表，其数据源是可以根据需要进行修改的。

修改图表数据源的方法主要有两种，分别是通过编辑数据和在Excel中编辑数据，下面分别进行介绍。

● **编辑数据** 这种方法适合小范围的数据修改，操作简便。选择需要修改数据源的图表，单击"图表工具 设计"选项卡"数据"组中的"编辑数据"按钮下方的下拉按钮，选择"编辑数据"命令，在打开的"Microsoft Word中的图表"窗口即可对图表数据源进行修改，如图12-17所示。

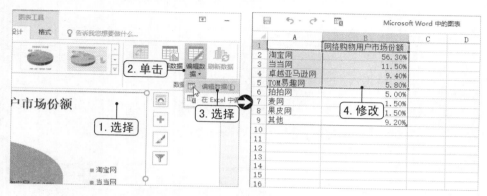

图12-17

● **在Excel中编辑数据** 如果不仅需要修改数据源，还需要设置相应的格式，则可以在Excel中编辑数据。选择需要修改数据源的图表，单击鼠标右键，在弹出的快捷菜单中选择"编辑数据/在Excel中编辑数据"命令，即可打开"Microsoft Word中的图表-Excel"窗口，在其中即可对图表数据源进行修改，如图12-18所示。

图12-18

　　前面粗略地介绍了选择性粘贴图表到Word文档中的方法，下面来看几种具体的粘贴功能。复制图表后，在Word文档目标位置单击鼠标右键，在弹出的快捷菜单中即可查看到几种粘贴的方法，如图12-19所示。

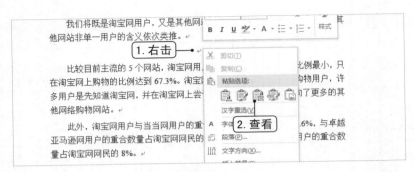

图12-19

这几种粘贴方式的结果基本相同，但效果有所不同，当图表对应的Excel源文件删除后可编辑状态也不相同，具体如表12-1所示。

表12-1

粘贴方式	图标	数据编辑效果
使用目标主题和嵌入工作簿		通过嵌入的方式嵌入图表的数据源，当图表对应的Excel源文件删除后，同样可以编辑数据或是在Excel中编辑数据
保留源格式和嵌入工作簿		保留源格式，并通过嵌入的方式嵌入图表的数据源，当图表对应的Excel源文件删除后，同样可以编辑数据或是在Excel中编辑数据
使用目标主题和链接数据		通过链接的方式链接图表的数据源，当图表对应的Excel源文件删除后，链接断裂，则无法编辑数据或是在Excel中编辑数据
保留源格式和链接数据		保留源格式，并通过链接的方式链接图表的数据源，当图表对应的Excel源文件删除后，链接断裂，则无法编辑数据或是在Excel中编辑数据
图片		粘贴为图片，无法进行数据源修改

12.1.4 Word图表中的图表更新

前面具体介绍了嵌入图表的方法，其中嵌入工作簿的图表，不会随着Excel源数据的改变更改；而对于链接数据的图表，当Excel源数据发生改变，Word中的图表会同步改变，如果没有更新，则可以通过刷新的方式更新链接，更新图表的数据。

下面在"网络购物市场宏观状况1"文档中通过链接的方式添加各网站网络购物渗透率分析图表，并根据Excel源图表数据的改变更新Word中图表的数据，以此为例介绍相关操作。

案例精解

添加链接图表并更新图表数据

本节素材	◎/素材/Chapter12/图表数据更新
本节效果	◎/效果/Chapter12/图表数据更新

步骤01 打开"图表数据更新"工作簿中的"网络购物市场宏观状况1"和"各网站网络购物渗透率"素材文件，复制Excel文件中的图表，关闭Excel文件，在Word文档第三页最后一个标题前一行单击鼠标右键，选择"保留源格式和链接数据"命令，如图12-20所示。

步骤02 之后发现"TOM易趣网"的渗透率数据记录错误，应当为25%，于是打开"各网站网络购物渗透率.xlsx"文件，进行修改，如图12-21所示。

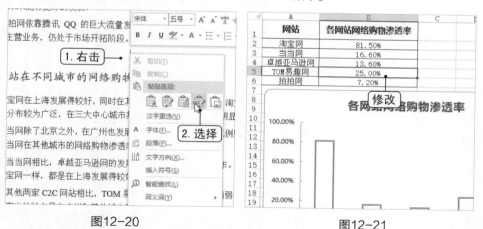

图12-20 　　　　　　　　　　　　　　　　图12-21

步骤03 切换到"网络购物市场宏观状况1"文档，在图表之前的段落中找到记录的"TOM易趣网"的渗透率数据，将其修改为"25%"，选择图表，在"图表工具 设计"选项卡"数据"组中单击"刷新数据"按钮即可根据数据源刷新图表中的数据，如图12-22所示。

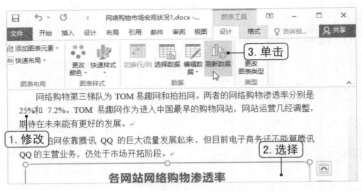

图12-22

步骤04 完成后即可查看最终效果，如图12-23所示。

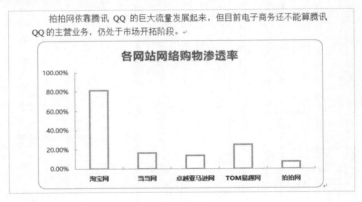

图12-23

如果Word文档中图表的源文件同时被打开，当修改数据源后可实现实时更新，当其中一个文件关闭后重新打开，更改数据后则需要手动刷新。

12.2 Excel图表与PowerPoint结合使用

通常，数据分析结果不仅需要制作成数据分析报告，有时还需要制作成演示报告，方便在报告会、总结会等会议场合进行展示和讲解。

在Office办公组件中，常使用PowerPoint工具制作演示文稿，这就需要将Excel分析图表添加到演示文稿中，下面具体介绍Excel图表与PowerPoint结合使用的方法。

12.2.1 在幻灯片中添加Excel图表

演示文稿是由一张张幻灯片组合而成，在演示文稿中嵌入Excel图表，实际上就是在幻灯片中嵌入图表。在幻灯片中嵌入图表与在Word中的图表嵌入操作基本相同。

下面在"企业年终总结"演示文稿中通过插入图表的方式添加并美化图表展示各月的销售走势，以此为例介绍相关操作。

案例精解

在演示文稿中添加图表展示销售走势

本节素材	◎/素材/Chapter12/企业年终总结.pptx
本节效果	◎/效果/Chapter12/企业年终总结.pptx

步骤01 打开"企业年终总结"素材文件，选择第6张幻灯片，单击"插入"选项卡"插图"组中的"图表"按钮，如图12-24所示。

步骤02 在打开的对话框中单击"组合"选项卡，在右侧将系列2对应的图表类型设置为"带数据标记的折线图"，如图12-25所示，单击"确定"按钮。

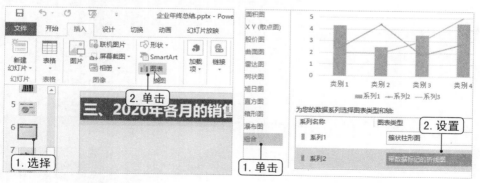

图12-24 图12-25

步骤03 在打开的"Microsoft PowerPoint中的图表"窗口中输入对应的图表数据，关闭该窗口即可，如图12-26所示。

步骤04 返回到幻灯片中即可查看到已经创建好的图表，之后为图表设置合适的样式（其操作与在Word和Excel中的操作基本相同，这里不再重复介绍），如图12-27所示。

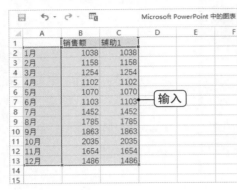

图12-26

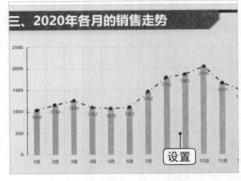

图12-27

步骤05 设置完成后插入一个形状，输入文本标识出最大销售月份，如图12-28所示。

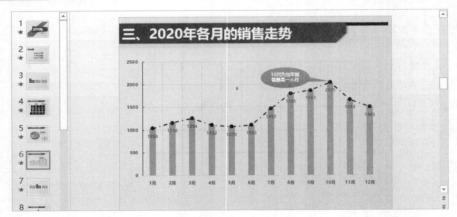

图12-28

12.2.2 将图表直接复制到PPT中

将图表复制到PPT中的操作与前面介绍的将Excel图表添加到Word文档中的操作基本相同，下面分别介绍两种方法。

● **通过对话框复制** 首先在Excel中复制图表，在幻灯片中的"开始"选项卡"剪贴板"组中单击"粘贴"按钮下方的下拉按钮，选择"选择性粘贴"命令，在打开的"选择性粘贴"对话框中选择粘贴方式，如图12-29所示，单击"确定"按钮即可。（选择前两个选项可以粘贴为图表，在前面有过介绍）

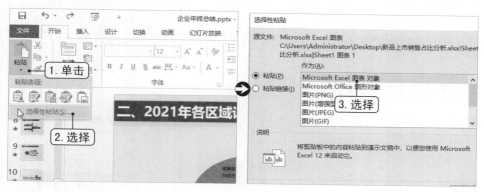

图12-29

● **通过快捷菜单复制** 首先在Excel中复制图表，在幻灯片中单击鼠标右键，在弹出的快捷菜单中选择"保留源格式和嵌入工作簿"命令即可嵌入图表，如图12-30所示。（对应命令中的作用在本章前面部分有过介绍）

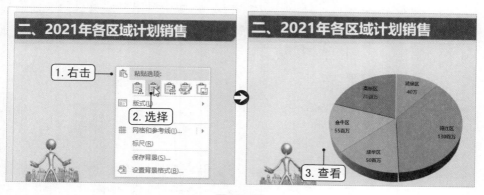

图12-30

12.2.3　直接将已有数据作为源数据

在PPT中除了通过前面介绍的方式创建图表，还可以通过引用现有数据源的方式快速添加图表。这种方式在PowerPoint和Word中都可以使用，方法基本相同。

下面在"地产交易会总结报告"演示文稿中通过引用现有的"历届展会成交统计表"Excel工作簿中的数据创建图表展示历年展会成交数据，以此为例介绍相关操作。

案例精解

引用现有数据创建图表展示历年展会成交数据

本节素材	◉/素材/Chapter12/根据已有数据添加图表
本节效果	◉/效果/Chapter12/根据已有数据添加图表

步骤01 打开"根据已有数据添加图表"文件夹中的两个文件，切换到"地产交易会总结报告"演示文稿，选择第8张幻灯片，单击"插入"选项卡"插图"组中的"图表"按钮，如图12-31所示。

步骤02 在打开的对话框中单击"组合"选项卡，在右侧将系列2对应的图表类型设置为"折线图"，并选中右侧对应的"次坐标轴"复选框，单击"确定"按钮，如图12-32所示。

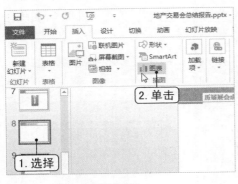

图12-31　　　　　　　　　图12-32

步骤03 在打开的"Microsoft PowerPoint中的图表"窗口中单击快速访问工具栏中的"在Microsoft Excel中编辑数据"按钮，如图12-33所示。

步骤04 切换到"地产交易会总结报告"演示文稿窗口，选择图表，单击"图表工具设计"选项卡"数据"组中的"选择数据"按钮，如图12-34所示。

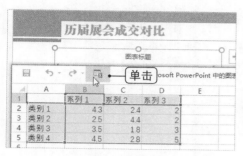

图12-33

图12-34

步骤05 在打开的"选择数据源"对话框中删除"图表数据区域"参数框中的内容，将文本插入点定位其中，切换到"历届展会成交统计表"工作簿，在其中选择A2:G4单元格区域，如图12-35所示，在"选择数据源"对话框中直接单击"确定"按钮。

图12-35

步骤06 切换到"地产交易会总结报告"演示文稿窗口，直接单击"图表工具 设计"选项卡"数据"组中的"切换行/列"按钮，如图12-36所示。

步骤07 删除图表的标题，为图表中的文本设置合适的字体格式，将其中最大的交易套数对应的数据系列单独设置填充色进行突出显示，如图12-37所示。

图12-36

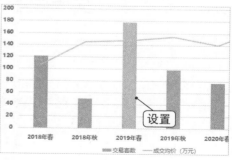

图12-37

步骤08 将图表的图例调整到图表上方，完成设置后即可查看效果，如图12-38所示。

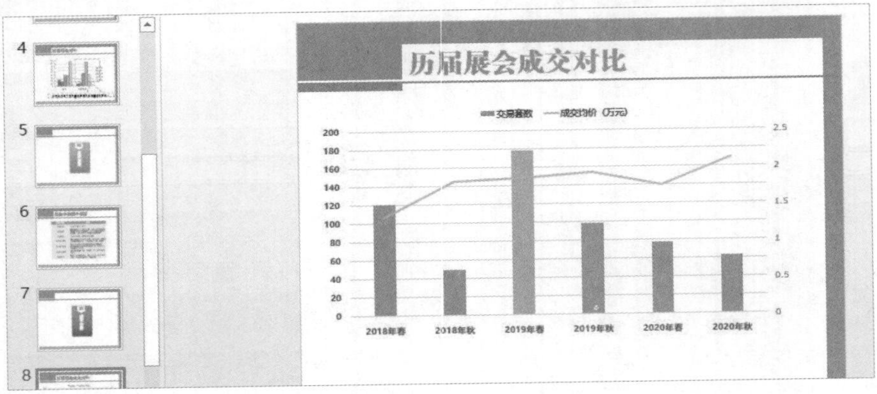

图12-38

12.2.4　以可编辑的形状引入图表

PPT的一个显著特点就是它能添加动画，在Office最常用的三大组件中，PPT应该是最强调设计感的。因此引入到PPT中的图表有时候可能需要对其各个部分进行随意设置与拖动。这时就可以将图表变成多个形状，这样用户就可以进行自定义编辑了。

下面在"企业年终总结报告"演示文稿中以可编辑的形状引入"各区域计划销售额分析"工作簿中的图表并突出展示销售计划最大数据，以此为例介绍相关操作。

案例精解

突出显示销售计划最大数据

本节素材	◉/素材/Chapter12/突出显示销售计划最大数据
本节效果	◉/效果/Chapter12/突出显示销售计划最大数据

步骤01 打开"突出显示销售计划最大数据"文件夹中的两个文件，切换到"各区域计划销售额分析"工作簿，选择并复制其中的图表，如图12-39所示。

步骤02 切换到"企业年终总结报告"演示文稿，选择第12张幻灯片，单击"开始"

选项卡"剪贴板"组中的"粘贴"按钮下方的下拉按钮，选择"选择性粘贴"命令，如图12-40所示。

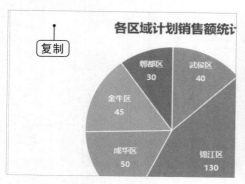

图12-39

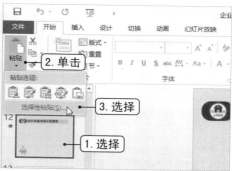

图12-40

📎 **步骤03** 在打开的"选择性粘贴"对话框中选择"图片（增强型图元文件）"选项，如图12-41所示，单击"确定"按钮。

📎 **步骤04** 返回到演示文稿中选择图表，单击"图片工具 格式"选项卡"排列"组中的"组合"下拉按钮，在弹出的下拉列表中选择"取消组合"选项将图片取消组合，如图12-42所示。

图12-41

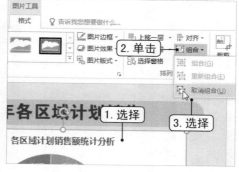

图12-42

📎 **步骤05** 在打开的"Microsoft PowerPoint"提示对话框中直接单击"是"按钮，如图12-43所示。

📎 **步骤06** 在图表中将"锦江区"数据系列对应的文本的颜色设置为黑色，删除"锦江区"数据系列，在合适位置绘制向左的箭头形状并设置格式，调整各元素之间的位置，如图12-44所示。

图12-43

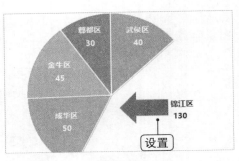

图12-44

步骤07 完成设置后即可查看效果，如图12-45所示。

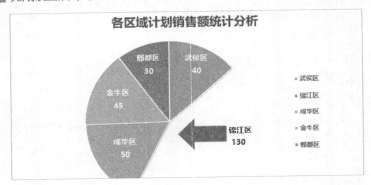

图12-45

12.2.5 让图表的各组成部分单独出现

图表作为幻灯片中的元素，有时为了演示需要，也要为之添加动态效果，或者配合演讲的内容而分批出现。PPT可以将图表识别为多个对象的组合，这就使得用户能在为其设置动画的时候控制其动画出现的序列顺序，使各个数据序列分别出现。

下面在"网络媒体营销价值分析"演示文稿中为图表的各组成部分设置动画效果，让演示文稿更加生动，以此为例介绍相关操作。

案例精解

让图表按系列出现以配合演示的进度和内容

本节素材	◉/素材/Chapter12/网络媒体营销价值分析.pptx
本节效果	◉/效果/Chapter12/网络媒体营销价值分析.pptx

🔹 **步骤01** 打开"网络媒体营销价值分析"素材文件，选择图表，在"动画"选项卡"动画"组中为图表设置一种合适的内置动画样式，这里设置为飞入，如图12-46所示。

🔹 **步骤02** 在"动画"组中单击"效果选项"下拉按钮，在弹出的下拉菜单中选择"按系列"选项，在"高级动画"组中单击"动画窗格"按钮，如图12-47所示。

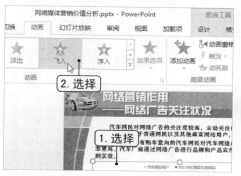

图12-46

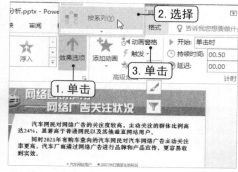

图12-47

🔹 **步骤03** 在打开的"动画窗格"窗格中单击 ⌄ 按钮，展开动画列表，如图12-48所示。

🔹 **步骤04** 单击第一个动画右侧的下拉按钮，在弹出的下拉菜单中选择"从上一项开始"命令可设置当页面放映时出现图表背景，如图12-49所示。

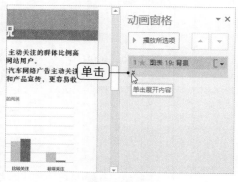

图12-48

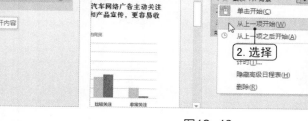

图12-49

🔹 **步骤05** 单击第二个动画右侧的下拉按钮，在弹出的下拉菜单中选择"从上一项之后开始"命令，即背景动画完成后开始显示的第一个数据系列，如图12-50所示。同样的，将第三个动画设置为"从上一项之后开始"。

🔹 **步骤06** 选择第二个动画选项，在"动画"选项卡"计时"组中的"延迟"数值框中输

入 "0.5"，让其延迟0.5秒，如图12-51所示。用同样的方法为系列2设置0.5秒的延迟。

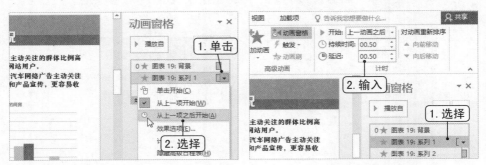

图12-50　　　　　　　　　　　　图12-51

步骤07　完成设置后放映该页幻灯片，即可查看效果，如图12-52所示。

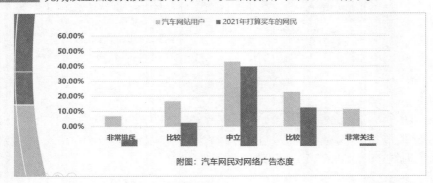

图12-52